黏弹性颗粒驱油剂的制备与应用

Synthesis and Applications of Branched-Preformed Particle Gel

孙焕泉　曹绪龙　姜祖明　张宗檩　祝仰文　编著

科 学 出 版 社

北 京

内 容 简 介

本书针对聚合物驱后油藏非均质性更强和剩余油更分散等难题,为有效利用现有资源和进一步提高聚合物驱后采收率,研发了一种具有部分交联部分支化结构的黏弹性颗粒驱油剂,开展了以黏弹性颗粒驱油剂+聚合物+表面活性剂为主的非均相复合驱油技术攻关研究,取得了突破性的进展。从非均相复合驱方法的提出到目前,先后开展了基础理论研究、机理研究、驱油体系设计、数值模拟研究和方案研究,特别是矿场先导试验取得了显著的降水增油效果,形成了非均相复合驱油配套技术,并开展了工业化推广应用,开辟了聚合物驱后油藏进一步大幅度提高采收率新途径,成为油田化学驱提高采收率的主要接替技术之一。

本书可供油田开发、油田化学和提高采收率研究的科学工作者、工程技术人员、管理人员及高等院校石油工程专业师生参考。

图书在版编目(CIP)数据

黏弹性颗粒驱油剂的制备与应用=Synthesis and Applications of Branched-Preformed Particle Gel / 孙焕泉等编著. —北京:科学出版社,2021.10
ISBN 978-7-03-067106-6

Ⅰ. ①黏… Ⅱ. ①孙… Ⅲ. ①驱油剂-制备-研究 Ⅳ. ①TE357.4

中国版本图书馆CIP数据核字(2020)第239601号

责任编辑:耿建业 冯晓利 / 责任校对:任苗苗
责任印制:吴兆东 / 封面设计:无极书装

科 学 出 版 社 出版
北京东黄城根北街 16 号
邮政编码:100717
http://www.sciencep.com

北京中石油彩色印刷有限责任公司 印刷
科学出版社发行 各地新华书店经销

*

2021 年 10 月第 一 版 开本:720×1000 1/16
2021 年 10 月第一次印刷 印张:15 1/4 插页:4
字数:307 000
定价:168.00 元
(如有印装质量问题,我社负责调换)

前　言

　　石油是当今世界最重要的能源和化工原料之一，被誉为现代工业的血液。目前我国石油供求形势异常严峻，原油对外依存度居高不下，严重影响了我国经济的快速发展与国家的能源安全。我国东部老油田经过 50 多年开发已进入特高含水期，聚合物驱油作为提高采收率的重要方法开展了大规模工业化推广应用，动用地质储量 15×10^8t，平均采收率达到 50%，仍有一半原油滞留地下，进一步提高采收率依然是保障我国东部老油田可持续发展和资源利用的重要途径。聚合物驱后油藏开发属世界难题：一是储层非均质更严重，注入流体易窜流，研究表明 5%～8%极端耗水层带耗掉 90%～95%注水量；二是可动剩余油更分散，原油采出困难，含水至 95%时连片型微观剩余油饱和度由水驱 30%降到聚合物驱后 10%以下，现有驱油体系难以采出。室内及矿场实践表明，在聚合物驱后油藏条件下已有的化学驱油体系，包括三元复合驱体系（碱-表面活性剂-聚合物）注入油藏中易沿着已经形成的高渗透条带窜流，提高采收率幅度有限，现有均相化学驱油技术难以为继。国内外大幅度提高聚合物驱后油藏采收率的技术方法尚属空白，亟待突破。对此，作者研制了一种具有部分交联部分支化结构的黏弹性颗粒驱油剂，复配聚合物和表面活性剂，发明了非均相复合驱油技术，矿场应用后取得突破性进展。在采出程度高达 50%、综合含水率高达 98%的聚合物驱后油藏条件下实施后，进一步提高采收率 8 个百分点以上，形成了继聚合物驱和三元复合驱之后的新一代大幅度提高采收率的驱油技术，引领了国内外化学驱油技术发展方向。

　　本书以黏弹性颗粒驱油剂的合成制备为核心，阐述了非均相复合驱油技术的研发历程，以非均相复合驱油机理及非均相复合驱油体系性能与评价等为重点，讨论了非均相复合驱基础理论研究、配方设计和评价及矿场方案优化设计，另外还介绍了非均相复合驱油技术的矿场应用情况。

　　全书共 10 章，涉及黏弹性颗粒驱油剂合成和性能评价、非均相复合驱油基础理论研究及配方设计研究等诸多方面，在编写过程中力求做到系统性、科学性、先进性和实用性的统一，是一部专业性强、涉及学科多的科技书籍。

　　由于时间仓促，书中难免存在疏漏之处，敬请广大读者提出批评指正。

作　者

2021 年 7 月

目　　录

第1章 绪 论

1.1 引 言

石油是当今世界最重要的能源和化工原料之一，被誉为现代工业的血液[1-5]。据统计，全世界平均每年对石油的需求量超过 $30×10^8$t，并且以平均每年 1.6%的速度增长。与人类对石油的需求量不断增加的趋势相反，世界石油总储量日益减少，石油正变得越来越珍贵[6,7]。

新中国成立以来，石油工业迅猛发展，探明已开发油气资源的平均采油率接近世界先进水平。但由于人均占有油气资源量相对较低，我国仍是一个油气资源匮乏的国家。从 20 世纪 90 年代中期我国成为石油净进口国以来，石油进口量逐年递增。2003 年我国的石油进口量超过 $1×10^8$t，石油年消费量和进口量均超过了日本，成为仅次于美国的世界第二大石油消费国和进口国。2012 年 12 月美国的石油净进口量降至 20 年以来的最低水平，也让我国在 2012 年 12 月超越美国，暂居全球最大的石油净进口国地位。2019 年我国原油对外依存度达到 72.4%，严重超过国际原油安全警戒线，对外依存度创历史新高。由此可见，我国原油对外依存度居高不下，严重影响了国家的能源安全。

为保持国内油气资源自给量的较高份额，不断提高已开发资源的采收率，石油开发科技人员不断努力，而其发展方向就是三次采油技术。"九五"以来，以大庆、胜利两大油田聚合物驱为代表的三次采油技术得到工业化应用。到"十五"末，年产原油 $1500×10^4$t 以上(不含重油)，约占国内原油总产量的 8.7%。三次采油[8-17]已成为高含水期油田持续高效开发的一项主导技术，也是维持原油产量，减少我国原油对外依存度的重要战略目标[18-30]。

高相对分子质量的部分水解线性聚丙烯酰胺(HPAM)是三次采油中普遍用作驱油剂的聚合物材料。HPAM 能够增加注入水的黏度，改善油水流度比，扩大波及体积，从而提高原油采收率。经过"七五"(1986~1990 年)、"八五"(1991~1995 年)、"九五"(1996~2000 年)的连续国家重点科技攻关项目研究，聚合物驱油技术可以实现提高采收率 12.5%~20%的目标。

但是，随着聚合物驱规模的不断扩大，化学驱发展面临新的矛盾和挑战，主要表现在以下两个方面。一是聚合物驱优质资源是有限的。如胜利油田到"十五"末，Ⅰ、Ⅱ类剩余可动储量只有 $3000×10^4$t，资源接替不足。而根据聚合物驱的动态变化特点，在见效高峰期以后年产量递减 25%~30%，弥补这部分产量需提前两年投入相当规模的储量。而胜利油田聚合物驱油藏条件、井网井况适用性较好的Ⅰ、Ⅱ类优质资源动用率已超过90%，对三次采油的持续稳定发展极为不利。二是缺乏聚合物驱后进一步提高采收率的接替技术。已实施聚合物驱的单元，采收率一般达到40%～50%，仍有一半左右的剩余油滞留地下，具有进一步提高采收率的物质基础，但聚合物驱后进一步提高采收率的接替技术亟待攻关突破。

孤岛油田中一区Ng_3在1992年开展聚合物驱试验以来，聚合物驱得到了迅速发展，1997年进入工业化应用阶段，成为老油田大幅度提高采收率的主要技术手段之一。截至2008年底，实施化学驱项目35个，动用地质储量$3.71×10^8t$，累计增油$1624×10^4t$，年增油量达到$171×10^4t$。其中聚合物驱单元29个，占化学驱单元比例82.9%，覆盖地质储量$3.56×10^8t$，为油田的稳产先导和特高含水期提高采收率做出了巨大的贡献。但是，聚合物驱由于受驱油机理的限制，其提高采收率的幅度仅为6%～10%，聚合物驱后仍有50%～60%的原油滞留地下，有进一步挖潜的物质基础。目前已有17个聚合物驱单元转入后续水驱，10个单元含水已回升到注聚前的水平，因此，研究聚合物驱后如何进一步大幅度提高原油采收率成为油田持续稳定发展的紧迫任务。聚合物驱后油藏条件更加复杂，尽管剩余油呈普遍分布，但富集区更趋于分散，油藏非均质性更加突出，目前已有的化学驱技术很难满足进一步大幅度提高采收率的要求，室内实验、数值模拟和矿场试验均表明，聚合物驱后依靠单一井网调整和单一二元复合驱提高采收率效果不理想。

在20世纪90年代，俄罗斯科学院油气问题研究所研究人员研发了Temposcreen聚合物凝胶，用于调剖，在1999年曾来胜利油田勘探开发研究院进行技术交流，随后勘探开发研究院采收率试验室科研人员对该产品在胜利油田条件下开展了系列性能评价，并在滨3-19井区开展了现场试验，效果不甚理想。虽然其应用于调剖试验失败，却给予科研人员研发聚驱后油藏化学剂更多的启发。通过对失败原因进行认真梳理，大家认为颗粒小使其封堵及调整剖面的作用较弱。后来在探索聚驱后油藏提高采收率方向时，受颗粒型的Temposcreen的启示，胜利油田于2003年起着手研发一种颗粒型的化学剂，其能够注入地层，对地层起到既堵又驱的效果。结合Temposcreen的特点及矿场试验的效果，提出了新型产品的要求：化学剂仍然为颗粒型，但要有弹性，能变形，颗粒与孔喉尺寸相当，对地层既堵又驱。

2003年，研究者研发出预交联体系，并在2005年开展了单井试注。在试注过程中出现了问题，由于矿场与实验室的差异，预交联体出现了"沉"和"堵"两个问题。通过借鉴Temposcreen和预交联体，结合有机合成方法，明确有机颗粒为预交联颗粒凝胶。黏弹性颗粒驱油剂B-PPG(branched-preformed particle gel)通过多点引发将丙烯酰胺、交联剂、支撑剂等聚合在一起，形成星型或三维网络结构，溶于水后吸水溶胀，可变形通过多孔介质，具有良好的黏弹性、运移能力和耐温抗盐性。B-PPG与聚合物复配后，除提高聚合物溶液的耐温抗盐能力外，还使体系产生体相黏度增加、体相及界面黏弹性能增强、颗粒悬浮性改善、流动阻力降低的增效作用，可大幅度提高聚合物扩大波及体积能力。复合表面活性剂能够大幅度降低油水间界面张力，大幅提高毛细管数，同时具有较好的洗油能力，有利于原油从岩石表面剥离，从而提高采收率。体系含软固体颗粒 B-PPG，因此将其称为非均相复合驱油体系，该体系结合非均质油藏井网优化调整改变液流方向的方法，可在聚合物驱后油藏大幅度提高原油采收率，是挑战采收率 60% 的探索和尝试。

2008 年在孤岛油田中一区 Ng_3 实施井网调整+非均相复合驱先导试验。注采井网是油田开发的基础，孤岛油田中一区 Ng_3 井网经历两次大的调整，井网从进入高含水阶段(1990 年)后未进行大的调整，经历聚合物驱至今，流线固定多年，水线形成固有通道，难以进一步扩大波及状况，不利于提高油藏采收率。在目前井网条件下进行二元驱，很难提高波及体积，达到理想效果。因此，可以开展通过井网调整，改变流线方向，再利用复合体系进一步扩大波及体积和洗油效率，提高收率研究。

"孤岛油田中一区 Ng_3 聚驱后井网调整非均相复合驱油提高采收率先导试验"含 15 口注入井和 10 口生产井，地质储量 123×10^4 t，注入驱油体系为 0.4% 表面活性剂+900mg/L 聚合物+900mg/L B-PPG，注入段塞为 0.3PV[①]。试验区降水增油效果显著，综合含水率(97.5%)最大下降幅度为 19.7%；日产油量由试验前的 4.5t/d 最高上升至 84.1t/d，全区累计增油 11.2×10^4 t，中心井区已增油 8.07×10^4 t，已提高采收率 6.56%。预计先导试验可提高采收率 8.5%，最终采收率突破 60%，达到 63.6%。

非均相复合驱技术的突破为聚合物驱后油藏进一步提高采收率展示了良好的前景，该技术"十四五"部署推广应用单元 16 个，覆盖地质储量 1.3×10^8 t，预计可增加可采储量 940×10^4 t，提高采收率 7.2%。胜利油田聚合物驱后地质储量有 5.75×10^8 t，实施非均相复合驱后，预计增加可采储量 4000×10^4 t，将为胜利油田稳产发挥重要的支撑作用，并且该项技术的突破也为国内外同类型油藏提高采收率提供了重要借鉴。

1.2　提高石油采收率的措施

驱替过程原油采收率定义为[31-37]

$$E_R = \frac{N_P}{N} \times 100\% = E_V E_D \tag{1-1}$$

$$E_V = \frac{A_V h_V}{A h} \tag{1-2}$$

---

① PV 为孔隙体积的倍数。

$$E_D = \frac{S_o - S_{or}}{S_o} \tag{1-3}$$

式(1-1)～式(1-3)中，E_R 为原油采收率；E_V 为驱替液波及系数；E_D 为驱替液波及区域的驱油效率，也称洗油效率；N_P 为实施油区驱替采出油量；N 为开发前该油区的原油地质储量；A 为油层原始面积；h 为油层原始厚度；A_V 为油层波及面积；h_V 为油层波及厚度；S_o 为原始含油饱和度；S_{or} 为残余油饱和度。

由此可见，提高采收率主要有两个途径，即增大驱替液的波及体积和提高驱油效率。由于长期的注水开发，目前我国油田普遍进入中高含水期，油藏原生非均质及长期水驱使非均质性进一步加剧，油藏中逐渐形成大孔道或高渗通道，使地下油层压力场、流线场形成定势，注水井和生产井之间逐渐形成水流优势通道，造成"水驱短路"现象[38]，如图 1-1 所示，此外，同层油藏的非均质性也会造成驱替液沿高渗层不均匀推进，导致中渗透层和低渗透层波及程度减小，严重影响驱替效果。

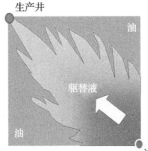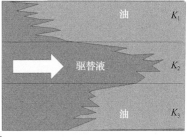

图 1-1　非均质对驱油效果的影响

对于非均质严重的油藏，扩大波及体积比提高驱油效率更为有效。要从根本上解决油藏非均质性严重的问题，必须采用堵水调剖的办法来改善吸水剖面，扩大波及体积，提高采收率[39-41]。

1.3　聚合物驱油剂的研究现状

采用聚合物驱油提高采收率的概念和技术，从提出到初步形成经历了 15 年（1949～1964 年）。1964 年，美国首先进行了聚合物驱油的矿场试验和工业规模的推广与应用，随后苏联、加拿大、法国、德国等许多国家陆续进行了聚合物驱实验，原油采收率提高了 6%～17%。我国自"七五"期间开始大力发展三次采油，至 1997 年我国聚合物驱增油量已居世界首位，目前我国的三次采油技术仍处于世界领先水平。

聚丙烯酰胺由于优异的亲水性和增黏能力，作为驱油剂广泛地应用于三次采油中。针对聚丙烯酰胺(PAM)耐温抗盐性及抗剪切性差等缺陷，国内外科研人员对聚丙烯酰胺进行了大量共聚改性等研究工作，比较有代表性的研究包括引入耐温抗盐共聚单体的多元共聚物[42-48]、引入疏水基团的疏水缔合聚合物[49-53]、侧链同时带有亲水亲油基团的梳型聚合物[54-57]、分子链中同时引入阴离子和阳离子基团的两性聚合物[58,59]等。尽管改性的聚丙烯酰胺在性能上有所提升，但是由于没有从根本上改变其线性分子的结构，线性聚丙烯酰胺仍然不能满足高温高盐油藏，特别是非均质严重油藏提高采收率的需要。

1.4　调剖堵水剂的研究

为了解决采油过程中驱替液沿高渗透层或流动阻力小的大孔道"窜流"问题，国内外油田工作者采用多种措施封堵高渗透层及大孔道，调整注入水剖面，使油藏的孔隙介质流动阻力均一化，扩大驱替液的波及体积，提高采收率。这种技术可以分为注入井的"调剖技术"[60-70](profile control)和生产井的"堵水技术"[71-76](water shutoff)。"调剖"是指从注入井注入特定堵剂，堵塞油藏中流动阻力较小的大孔喉水通道，从而使驱替液能够均匀地前进，该技术称为调整吸水剖面技术，简称调剖技术。而从生产井注入特定堵剂，选择性地增加出水通道的阻力，从而降低生产井采出液的含水量的技术称为堵水技术。因此，堵水剂(water shutoff agent)一般是指用于生产井堵水的处理剂，而调剖剂(profile control agent)则是用于注水井调整吸水剖面的处理剂。两种油田化学剂既有通性，也有各自的特点，大多数情况下二者可以通用。

国内外很多科研人员对油藏的调剖技术进行了大量的研究。例如注入无机盐沉淀、弱凝胶、胶态分散凝胶、体膨性颗粒、微生物和泡沫等，通过增大波及体积，提高采收率，有效地调整了油藏渗透率，达到了控水稳油的目的[77-81]。我国油田调剖堵水技术始于 20 世纪 50 年代[82]，"八五"以来，油田科研人员研究和开发出了一批批新技术和新产品，形成了一套以调剖堵水为主的油田区块综合治理的完整配套技术，成为各大油田控水稳油的一项重要措施。

1.4.1　调剖堵水剂的分类及研究进展

我国堵水调剖剂发展迅速，种类繁多。据统计，在各油田现场应用过的堵水调剖剂超过 70 种[83]。根据各类试剂的基础材料类别和堵剂的类型，兼顾传统分类习惯及堵剂的发展历史，将堵水调剖剂分为以下十类进行讨论。

1. 水泥类

这是使用最早的堵水剂，由于价格便宜，封堵强度高，可以适用于各类温度的油藏条件，至今仍在研究和应用。主要品种有油基水泥(oil based cement)[84,85]、水基水泥(water, based cement)[86]、活化水泥(activation cement)和微粒水泥(small particle size cement)[87,88]等。水泥颗粒大，适合封堵高渗透层，不易进入中低渗透地层，且水泥体系进入油藏后，可在孔隙处固化成滤饼，造成的封堵是永久性的，因而这类堵剂的应用范围受到限制。最近研制成功的微粒水泥和新型水泥添加剂给这类堵水剂带来了新的性能。

2. 树脂类

用作堵水剂的热固性树脂包括酚醛树脂(phenolic resin)[89,90]、脲醛树脂(urea-formaldehyde resin)[91,92]、糠醛树脂(furfural resin)、环氧树脂(epoxy resin)[93,94]等。在油藏中这类树脂在固化剂存在下形成的固体堵塞大孔道或高渗裂缝。其主要用于油井堵水、堵窜、堵裂缝、堵夹层水。树脂类堵水剂强度高，有效期长，但是成本较高且封堵没有选择性，一旦误堵油层后难以去除。近年来纯树脂类堵水剂的应用和研究已较少。

3. 无机盐沉淀类

无机盐沉淀类堵剂是向油藏中注入由隔离液隔开的两种互不相溶的无机化学剂溶液，在地下混合后原位形成沉淀堵塞物封堵油藏孔道。这类堵剂强度高、成本低，对热效应、剪切作用、化学环境和生物侵蚀等因素都较为稳定。在国内外得到了大面积的推广，取得了较好的效果。

美国 Landra 公司研发了一种选择性沉淀调剖新技术，其方法是向地层中注入 NaOH 溶液，然后注入淡水缓冲液，最后注入盐水。一定时间后可以使碳酸钙 ($CaCO_3$) 选择性地留在水流通道内形成封堵。

Acock[95]提出了一种热沉淀法调剖工艺，即首先注入热水或热蒸气预热井周围的高渗透层，然后注入热的饱和化学剂溶液(碳酸钾或硼酸钠溶液)，该化学剂在油藏温度下的溶解度比注入温度下的溶解度低，因此油藏的冷却作用将导致注入流道内产生固相沉淀，形成封堵。

Tao[96]研制了一种由水溶性醇诱导盐溶液产生沉淀，改善波及系数的技术，即在盐水中加入水溶性醇，用乙醇来降低盐在溶液中的溶解度，从而引起盐沉淀，该技术适用性广，不受吸附作用、流体 pH 和油藏温度等外界因素的影响。

铁盐水溶液是典型的无机盐类沉淀类调剖剂[97]，包括三价铁盐(氯化铁)和二价铁盐(硫酸亚铁)。该类调剖剂在油藏中随体系 pH 增大，促进铁离子和亚铁离子水解，所产生的沉淀堵塞大孔喉通道，在远井地带起调剖作用，稳定性良好，可耐高温高盐的油藏环境。同时它们在水解时产生相应的氢离子，在近井区可以酸化地层，疏通堵塞，起到增注作用。

$$2FeCl_3 + 3Na_2CO_3 \longrightarrow Fe_2(CO_3)_3 \downarrow + 6NaCl$$

$$FeSO_4 \longrightarrow Fe^{2+} + SO_4^{2-}$$

$$Fe^{2+} + 2H_2O \xrightarrow{\text{水解}} Fe(OH)_2 \downarrow + 2H^+$$

4. 无机凝胶类

这类调剖堵水剂主要是指氢氧化铝凝胶和硅酸凝胶。

氢氧化铝凝胶[98,99]是将三氯化铝（$AlCl_3$）与尿素[$CO(NH_2)_2$]配成溶液注入地层后生成。$CO(NH_2)_2$ 在地层温度下分解，使溶液由酸性变成碱性，引起 Al^{3+} 水解，生成氢氧化铝凝胶[100]，进行调剖。

$$CO(NH_2)_2 \xrightarrow{\triangle} NH_3 \uparrow + HO-CN$$

$$NH_3 + H_2O \rightleftharpoons NH_4^+ + OH^-$$

$$Al^{3+} + 3OH^- \longrightarrow Al(OH)_3 \downarrow$$

硅酸凝胶[101-103]是将水玻璃（Na_2SiO_3）用活化剂活化一定时间生成。水玻璃溶液初始黏度低，注入方便，生成的凝胶强度高且可适应不同温度的油藏。

硅酸钠可与多价金属离子反应生成不溶于水的凝胶，堵塞地层大孔隙。甲醛氧化成酸后与硅酸钠生成硅酸凝胶的反应可长达十多天，可以采用单液法注入工艺在现场应用，大剂量处理深部地层。实际应用的主要有以下几种：

$$Na_2SiO_3 + CaCl_2 \longrightarrow CaSiO_3 \downarrow + 2NaCl$$

$$3Na_2SiO_3 + Al_2(SO_4)_3 \longrightarrow Al_2(SiO_3)_3 \downarrow + 3Na_2SO_4$$

$$Na_2SiO_3 + FeSO_4 \longrightarrow FeSiO_3 \downarrow + Na_2SO_4$$

$$Na_2SiO_3 + 2HCl \longrightarrow H_2SiO_3 \downarrow + 2NaCl$$

$$Na_2SiO_3 + 2CH_2O \longrightarrow H_2SiO_3 \downarrow + 2HCOONa$$

此外，科研人员一直在研究用潜在酸或热敏活化剂（如乳糖、木糖）、硅酸酯化等方法延迟硅酸凝胶的时间[104]。

5. 冻胶类

冻胶类调剖堵水剂是将聚合物溶液与适当的交联剂发生交联反应而获得。所使用的聚合物种类较多,共同特点是溶于水,在水中有优良的增黏性,线性大分子链上含有极性基因,能与高价金属离子或有机基团反应,生成具有网状结构的体型交联产物(冻胶),形成冻胶后,体系黏度大幅度增加,失去流动性。聚合物冻胶的调剖机理以物理堵塞为主,兼具在地层中的吸附作用和动力捕集作用,提高水流阻力或改变水流方向,从而堵塞高渗层或大孔喉通道。冻胶调剖技术处理成本低,易于控制,调剖堵水效果明显。

冻胶类调剖堵水剂研究最为广泛,品种繁多。根据使用聚合物、冻胶封堵强度及交联剂的不同又可分成许多品种。

(1)根据使用聚合物的不同,可以分为合成聚合物冻胶调剖堵水剂(丙烯酰胺、部分水解聚丙烯酰胺、水解聚丙烯腈)、生物聚合物冻胶调剖堵水剂(多糖、黄原胶等与细菌反应生成)[105,106]、天然改性聚合物调剖堵水剂(淀粉接枝丙烯酰胺或丙烯腈)[107]、木质素类调剖堵水剂。

(2)根据冻胶封堵强度的不同,可以分为强冻胶、中等强度冻胶、弱冻胶、胶态分散体冻胶,可根据不同的油藏环境选择使用。其中,研究较多的为弱凝胶和胶态分散凝胶。

①弱凝胶(weak gel)也称"流动凝胶"(flowing gel),是指生成的凝胶可以在试管内呈现流动状态。弱凝胶以整体形式存在,交联状态为分子间交联。一般选择高分子量 PAM 作为主剂,浓度一般为 800~3000mg/L。交联剂种类繁多,主要有树脂类、二醛类和多价金属离子类等[108]。1992 年,胜利油田首次采用 HPAM 与乙酸铬体系制备弱凝胶进行三个井组处理,注水压力平均提高了 3MPa[109]。

②胶态分散凝胶(colloidal dispersion gel,CDG)是 20 世纪 90 年代由美国 Tiorco 公司提出的,以分子内交联为主,有胶体性质的热力学稳定体系。CDG 有很好的耐温性,且对溶液中的二价离子不敏感,流动性好,成胶强度容易控制,可以长时间保持流动性质和注入能力[110-113]。国外只有 Tiorco 公司一直主张采用 CDG 体系,曾在美国落基山地区的近 30 个油田进行现场调驱处理,其中 22 个油田获得增产效果[114]。

(3)根据使用交联剂的不同,冻胶可分为过渡金属交联体系、醛类交联体系和复合交联体系等,其交联机理为高价金属离子作为交联中心,与聚合物发生络合作用产生交联。交联速度与络合物的稳定性取决于高价金属离子与配位体离子的性质。

①过渡金属交联体系是指过渡金属盐,如有机铬(R-Cr)、有机铝(R-Al)、有机锆(R-Zr)、重铬酸盐等经过水合、水解、羟桥等作用[115],与聚合物分子中的羧基离子(—COO—)发生配位作用,发生交联反应后形成冻胶。其中研究最广泛的是 Cr(Ⅲ)和 Al(Ⅲ)两种体系。

1974年，Needham 等[116]首次提出用柠檬酸铝交联 HPAM 合成调剖剂技术，其在很多油田获得成功。有机铝作为交联剂时，首先发生水解反应生成铝离子，铝离子通过羟桥作用形成多核羟桥络合离子，然后与 HPAM 中的—COO—形成极性键和配位键从而产生交联，如下所示：

RCOO—代表HPAM M代表Al

重铬酸盐作为交联剂时，首先与还原剂发生氧化还原反应，使铬盐被还原为三价态，经过络合、水解、羟桥作用后，可以形成 Cr(Ⅲ)的多核羟桥络合离子，然后该络合离子与 HPAM 中的—COO—配位，产生交联，得到具有网络结构的冻胶，反应过程如下所示。

　　Klaveness 和 Ruoff[117]研究了 Cr(Ⅲ)与 HPAM 的交联反应机理，提出了交联体系的结构。Sydansk[118]在研究 Cr(Ⅲ)与 HPAM 体系时发现，当 HPAM 水解度增大时，凝胶反应速率加快，当 HPAM 水解度较低，—COO—摩尔分数小于 0.1%时，不发生凝胶反应，证明 Cr(Ⅲ)与 HPAM 体系交联反应发生在 Cr(Ⅲ)与—COO—之间。事实上，Cr(Ⅲ)—HPAM 体系表现出优良的成胶性能和调剖性能，一度得到广泛应用，但是由于重金属 Cr(Ⅲ)的毒性及对地层带来永久性污染，欧盟及美国已明令禁止采用 Cr(Ⅲ)用于强化采油。

　　②醛类交联体系主要是甲醛或水溶性酚醛树脂与聚合物中的酰胺基(—CONH$_2$)发生交联反应，在高温油藏条件下形成热稳定性较好的三维交联网络冻胶[119]。Ahmad 和 Moradi-Araghi[120]曾报道了 HPAM/酚醛树脂交联凝胶在 121℃高温海水中保持 13 年，具有突出的耐温抗盐性能。

　　HPAM 与酚醛树脂缩合的反应方程式如下：

$$2 \cdot [CH_2-CH_2]_x[CH_2-CH]_y \ (C=O, NH_2; COONa) + HO-CH_2[C_6H_3(OH)-CH_2]_n OH$$

$$\longrightarrow [CH_2-CH]_x[CH_2-CH]_y \ (C=O, COONa)$$
$$NH-CH_2[C_6H_3(OH)-CH_2]_n NH-C=O \ [H_2C-CH]_x[CH_2-CH]_y \ (COONa)$$

　　黎钢等[121-124]提出两步法碱催化 HPAM/酚醛树脂合成工艺，在 50~55℃下，采用合成浓度为 45%的水溶性酚醛树脂作为交联剂，与 HPAM 溶液反应，合成出可耐 300℃高温，机械强度达 29Pa 的调剖堵水剂。

　　③复合交联体系：由于过渡金属有机交联体系成胶时间快，成胶强度较高，但在高温油藏条件下容易缩水和产生凝胶破坏；而醛类交联体系成胶时间缓慢，可控性强，热稳定性好，将这两类交联体系有效复合使用，可得到成胶时间可控，成胶强度高，热稳定性较好的交联聚合物调剖体系。由于两种交联反应的存在，复合交联体系制备的冻胶网络为比较稳定的互穿聚合物网络[125]，交联密度大，凝胶强度高，耐温抗盐性能突出且稳定性较好。

6. 颗粒类调剖堵水剂

颗粒类调剖堵水剂是一种经济有效的堵剂，可分散于水中形成颗粒悬浮体从而注入油藏地层起调剖作用，特别是对高渗透地层及需深部处理的大孔喉地层用颗粒类调剖堵水剂处理可获得明显的效果。

颗粒类堵水调剖剂种类较多，根据在各大油田现场使用的品种可分为以下几类。

(1) 非体膨性颗粒，包括果壳粉、青石粉、蚌壳粉[126]、石灰乳[127,128]、粉煤灰[129-132]等。

(2) 体膨性聚合物颗粒，包括预交联剂、聚乙烯醇颗粒[133,134]等。

(3) 土类，包括膨润土[135,136]、黏土[137-139]、黄河土[140]、安丘钠土、夏子街钠土以及聚丙烯酰胺溶液-土类[141]、铬冻胶-夏子街钠土[142-144]等。

张绍东[129]以粉煤灰为主要原料，加入温度敏感激活剂和悬浮分散剂，制备出耐高温 DKJ-Ⅱ堵剂，其固化机理为

$$3CaO \cdot SiO_2 + mH_2O \longrightarrow 2CaO \cdot 3SiO_2 \cdot (m-1)H_2O + Ca(OH)_2$$

$$2CaO \cdot SiO_2 + nH_2O \longrightarrow 2CaO \cdot SiO_2 \cdot nH_2O$$

$$3CaO \cdot Al_2O_3 + 6H_2O \longrightarrow 3CaO \cdot Al_2O_3 \cdot 6H_2O$$

$$4CaO \cdot Al_2O_3 \cdot Fe_3O_4 + 7H_2O \longrightarrow 3CaO \cdot Al_2O_3 \cdot 6H_2O + CaO \cdot Fe_2O_3 \cdot H_2O$$

该堵剂凝结强度高，耐温性能好，封堵能力强，在胜利油田现场使用，注气压力平均增加 2.1MPa，增油效果显著。

在颗粒类调剖堵水剂中研究最多、使用最广泛的是体膨性聚合物颗粒——预交联剂。预交联剂是近十几年来针对非均质性强、高含水以及大孔道油田调剖堵水，改善水驱效果而研发的创新技术。预交联剂是一种全交联型的堵水剂，其反应过程在地面进行，从而避免了地下交联体系成胶不可控、耐温抗盐性差等缺点，具有广泛的适应性。

预交联剂由于在地面合成，颗粒粒径范围变化大，膨胀倍数高，所需膨胀时间短，遇油体积不变，吸水时预交联剂中的亲水基团与 H_2O 发生水合作用，交联网络结构内外产生渗透压差，使水分子向网络结构内部扩散，颗粒变软，且具有一定的弹性和韧性，在一定压力条件下可在多孔介质中运移时表现出"变形虫"的特点，易于堵塞大孔道和高渗透层，而不易进入微小孔道和低渗透层，使后续注入流体改变流动方向转向低渗透区，达到调节渗透率差异的目的，从而扩大波及体积，提高采收率[145,146]。

Seright 等[147-149]研究认为，选择预交联剂时应特别重视颗粒粒径与地层孔隙喉道半径的配伍关系，应选择那些能够容易进入高渗透层和大孔道，而不易进入

低渗透层的样品,他们认为颗粒粒径为喉道半径的一半时,堵塞效果最好。颗粒粒径大于喉道半径一半时不易进入,小于该喉道半径的一半则易于运移,达不到封堵效果。

7. 天然气水合物类

该技术是在油井出水严重时暂停水驱,注入天然气到指定地层。在地层压力条件注入的天然气一旦与预先注入油藏的冷水接触,就会生成固态天然气水合物,从而封堵高渗层,降低渗透率,使后续注入水能够转向之前低渗区域,扩大波及体积,提高原油采收率。注入的天然气由大约90%的水和10%左右的甲烷、乙烷、丙烷、异丁烷或正丁烷中一种或几种组合而成,所生成的天然气水合物能稳定存在,起到稳定的调剖作用,其过程如图 1-2 所示[150]。

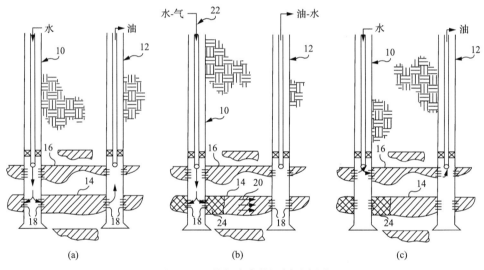

图 1-2　天然气水合物调剖示意图

8. 含油污泥类

含油污泥[151-155]是原油经过脱水处理后产生的工业垃圾,主要成分是水、胶质沥青、蜡质和泥质。在含油污泥中加入一定量的添加剂,形成黏稠状的微米级的油-水悬浮液,当该悬浮液注入油藏后,受地层水稀释和冲刷作用,悬浮体系被破坏,其中蜡质和胶质沥青被泥质吸附,聚集形成较大粒径的沉淀物留在大孔道中,使大孔道变小,增加了注入水的流动阻力,迫使后续流体改变流动方向,从而达到扩大注入水波及体积的目的。

含油污泥具有较好的耐温抗盐和抗剪切性能,价格低,调剖效果好,便于大规模注入。此外,这项技术也解决了工业垃圾处理问题,减少了环境污染和含油污泥处理费用。目前含油污泥调剖技术在胜利老河口油田、江汉油田、河南油田、长庆油田和辽河油田等现场应用，均取得了良好的调剖效果，但是受原料产地和含油污泥产量的限制，不适宜在其他油田推广应用。

9. 微生物类

美国最早将微生物[156-160]用于调剖，该技术是将能够产生生物聚合物的细菌注入油藏地层，游离的细菌被吸附到岩石孔喉表面形成附着的菌群，随着营养液的后续注入，细菌在高渗透层大量繁殖，其产生的生物聚合物黏附在岩石孔喉表面，形成大面积的细菌团或细菌聚合体。由于后续各种营养物的连续供给，细菌产生的生物聚合物急剧扩张，地层孔喉越大，细菌和营养物滞留越多，形成的细菌团越大，对高渗透层和大孔道的选择性封堵作用越好，从而扩大波及体积，提高原油采收率[161]。

南开大学与天津市工业微生物研究所有限公司成功制备并筛选出适用于油藏条件并具有良好调剖效果的多株微生物。其中南开大学在大港油田、胜利油田和辽河油田进行了室内调剖评价及井下试验，均取得良好的调剖效果[162]。

Bae 和乐建君[163]研究了孢子在岩心中的流动情况，发现孢子可以容易地进入渗透率大于 $740\times10^{-3}\mu m^2$ 的岩心，而无法进入渗透率小于 $380\times10^{-3}\mu m^2$ 的岩心，表明其具有较好的选择性封堵性能。

大庆油田勘探开发研究院应用分子生物学方法，在研究油藏本源微生物技术上取得突破性进展，在大庆油田第三采油厂实施微生物调剖现场试验获得成功，经微生物处理后，吸水剖面得以改善，含水率下降，达到增油 1300t 的效果。

10. 泡沫类

泡沫类[164-168]调剖堵水剂分为两相泡沫和三相泡沫，两相泡沫包括起泡剂和水溶性添加剂；三相泡沫除包括起泡剂、水溶性添加剂外，还含有固相组分如膨润土。三相泡沫比两相泡沫稳定，故现场使用较多[169,170]。

泡沫类调剖堵水剂是依靠稳定的泡沫流体在地层中累积的气液阻效应，利用泡沫在水溶液中稳定，在油层中不稳定的特点，选择性堵水，改变流体渗流方向和油藏吸水剖面，减缓优势通道注入水的流动速度，扩大注入水的波及体积，提高驱油效率。

新疆克拉玛依油田采用十二烷基苯磺酸钠、羧甲基纤维素和膨润土分别作为起泡剂、稳定剂和固相组分，制备三相泡沫调剖剂，进行了 100 多井次现场实验，取得了良好的降水稳油效果。泡沫类调剖堵水技术成本低，原材料来源广泛，并有较好的应用前景。

1.4.2 调剖堵水剂的不足与发展方向

基于我国的油藏现状，我国调剖堵水技术经过几十年的发展日趋完善，逐步形成了完整的配套技术，并已在大庆油田、胜利油田和中原油田等得到现场推广应用，获得较好的效果，目前处于世界领先水平。事实上，随着我国大部分老油田进入高含水开发期，长期水驱使油田储层非均质日益加剧，水驱效率低下，油藏原始特征及环境不断变化，开采难度越来越大，控水稳油面临极大挑战，传统的调剖堵水剂技术单一，应用越来越受到限制，因此对调剖堵水剂提出了更高的技术指标和经济要求。

水泥类和树脂类调剖堵水剂强度极高，可将大孔道或高渗透层完全堵死，但由于该技术成本较高且缺乏选择封堵性，一旦误堵后解堵非常困难，目前已较少应用于油田现场。

过渡金属有机交联体系成胶快，在高温油藏条件下容易缩水，产生凝胶破坏；醛类交联体系成胶时间缓慢，强度较低。早期使用的 Cr(Ⅵ) 等金属交联体系由于其毒性已经逐渐停止使用。甲醛的致癌性和苯酚的毒性，以及由此产生的地下水污染[171]也限制了醛类交联体系的应用。此外，冻胶类堵剂所用聚合物体系的耐温抗盐性有待进一步提高[172]。

CDG 反应较慢，在油藏现场通常需几个月的成胶时间，成胶条件苛刻，且CDG 耐温耐盐性能较差，封堵程度低，不适宜处理大孔道裂缝和高渗透层油藏，目前国内外对 CDG 技术的研究和应用几乎处于停止状态。

体膨类堵剂的吸水速度较快，吸水可控性较差，在地面配液池中即已膨胀，导致注入过程难度加大，限制其运移到更深的地层进行调剖。此外，体膨类堵剂吸水后强度变弱，力学性能变差，在注入地层过程中容易剪切变碎，颗粒粒度变小，最终失去堵调作用。

其他堵剂或由于成本昂贵，或原料来源不广泛，抑或处于研究初期技术不完善等原因，无论从施工工艺还是经济因素考虑，都不能进行大剂量注入处理，仅能对近井地带进行封堵，注入液很快绕过近井地带进入原高渗透地层的优势通道，因此有效期短。

此外，调剖堵水剂与油藏适应性的研究较少，很多堵剂不能与油藏具有很好的配伍性，造成堵调效果差或无效。虽然某些调堵剂声称具有选择性封堵高渗层的能力，其过程仅仅是通过调剖堵水剂溶胀颗粒粒径与目标油藏孔喉尺寸的简单匹配关系来实现的，至今尚无一种比较理想的可依靠自身黏弹性，在一定压力下通过压缩变形，在保持自身结构不被破坏的前提下，能够选择性地封堵不同孔喉的化学试剂。这个技术难题之前在国内外均未得到完满的解决，是一项艰巨而迫切需要完成的研究任务。

综上所述，调剖堵水剂应加强以下几个方面的研究工作。

(1) 完善基础理论研究。如调剖堵水剂性能评价方法和结构表征手段的建立，凝胶反应动力学的研究和成胶机理，耐温抗盐及耐老化机理研究等，为提高我国高含水油田后期开发效果提供有效的理论支撑。

(2) 堵水调剖剂朝着低成本、多功能、高效率、系列化的方向发展。研制开发适用于不同油藏条件和不同开发阶段的新型耐温抗盐调剖堵水剂，加强粒径与油藏孔喉配伍性、选择性堵剂的研究工作，减少调堵剂对非目的油层的伤害。

(3) 简捷、准确的渗流模型及敏感性参数的确定。我国大部分油藏经过长期强注强采的开发模式，油田地层条件已经发生了巨大的变化，基于传统理论的渗流模型已经不能满足新型体系改善水驱开发效果的需要。结合流变学理论和先进的测试手段，建立与油藏开发后期条件相适应的渗流模型与敏感性参数，研究油藏真实条件下堵水调剖剂的液流转向机理、运移过程中的力学特征和微观驱油机理等，不仅可以指导调剖堵水剂的开发、改进和应用，还能摆脱传统复杂的岩心实验，直接预测渗流结果，达到事半功倍的效果。

1.5 聚合物溶液驱油机理

对驱油机理进行系统研究可以了解驱油本质，从而采取对应措施进一步提高驱油效率。尽管从 20 世纪 70 年代开始国内外就对聚合物驱油技术开展了大量的研究工作，但是对聚合物驱油机理目前尚未取得一致的认识，因此进一步研究驱油机理具有重要的意义。

传统驱油理论认为，聚合物驱提高采收率主要是因为聚合物可以提高注入水的黏度和降低油层的水相渗透率，降低水油流度比，扩大注入液的波及体积，从而提高原油采收率[173-176]。而关于聚合物驱是否能提高驱替效率一直存在较大的争议。

经典毛细管数理论认为

$$N_c = \frac{\mu v}{\sigma \cos \theta} \tag{1-4}$$

式中，N_c 为毛细管数；μ 为驱油体系黏度，mPa·s；v 为驱替速度，m/s；σ 为驱替相与被驱替相的界面张力，mN/m；θ 为驱替相对岩石的润湿角。

基于上述毛细管数与驱油效率关系，很多学者认为，一般水驱条件下毛细管数数量级为 10^{-7} mN/m，而聚合物驱时聚合物溶液的黏度一般不超过水的黏度的 50 倍，因此聚合物驱比水驱时的毛细管数提高不到两个数量级[177]，驱替效率基本不增加。随着实验室及现场试验的深入研究，逐渐发现实际结果与传统理论预测结果之间还有很大差别，传统理论需要在实践中进一步发展和完善。

2000 年，王德民院士提出"聚合物溶液不仅可以改善波及状况，也能够提高微观驱油效率，且微观驱油效率取决于溶液弹性的大小"[178-182]。他发现用弹性不同的聚合物溶液进行现场驱油实验时，提高采收率的差异高达原始地质储量（original oil in place，OOIP）6%。通过岩心驱油实验，发现水驱后存在四种类型的残余油，而经黏弹性聚合物溶液驱替后，所有类型的残余油均有减少，表明聚合物黏弹性是提高采收率的重要原因。进一步，王德民院士研究团队采用弹性不同，黏度均为 30mPa·s 的纯黏性甘油和黏弹性 PAM 溶液对盲端残余油进行驱替，如图 1-3 所示，水和甘油从盲端驱替出的残余油量相近，盲端深度只增加了 80～100μm，可见驱替相黏度增加了 30 倍，采收率并没有明显提高；而聚合物 PAM 驱可以从盲端中"拽"出大量的残余油，盲端深度增加到 320μm，为水驱和甘油驱的 4 倍。根据驱油过程动态录像，发现残余油是被聚合物溶液"拉、拽"出盲端的，这个"拉、拽"作用正是由聚合物溶液的弹性产生的。对于具有弹性的溶液，其后续流体对前缘流体具有推动作用，而且前缘流体还会对其周围及后续流体有"拉、拽"的作用，这个"拉、拽"作用是由于聚合物大分子链间相互缠绕及分子链间的互相"拉、拽"产生的。基于以上研究基础，王德民院士研究团队冲破传统的"增加溶液黏度，提高采收率"思想，提出"如果增加驱替液的弹性，采收率会显著增加"的弹性驱油理论，这是聚合物驱油机理认识上的重大突破。

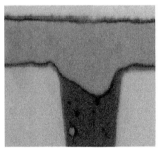
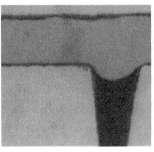
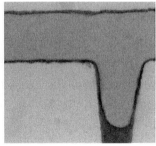

　　(a) 水驱后　　　　　　　　(b) 甘油驱后　　　　　　　(c) PAM驱后

图 1-3　水驱、甘油驱及 PAM 驱后盲端剩余油状态

吴文祥和王德民[183]采用黏度相同的纯黏性甘油和黏弹性聚合物 HPAM 溶液进行驱油实验，发现在相同的条件下，甘油提高采收率为 6.15%，而 HPAM 提高采收率达到 10.5%。为进一步研究弹性对微观驱油效率的贡献，李鹏华和李兆敏[184]采用黏度相同的纯黏性的黄原胶溶液和黏弹性HPAM溶液对含饱和油的填砂管进行不同顺序的驱替，结果如图 1-4 所示，可以明显看出，水驱后进行黄原胶驱，采收率有一定的提高，再改注聚合物驱，仍可提高采收率；而水驱后直接聚合物驱，采收率提高较明显，但聚驱后用黄原胶驱不能再提高采收率，由此说明除黏度因

素外，聚合物的弹性是提高石油采收率的重要原因。此外，还有许多研究结果表明，聚合物溶液的弹性越大，微观驱油效率越高[185,186]。

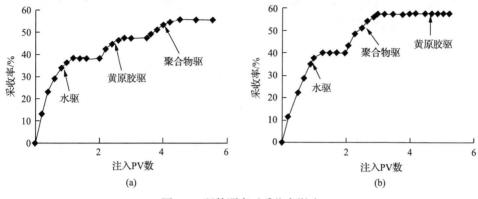

图 1-4　驱替顺序对采收率影响

聚合物"弹性驱油"理论为进一步提高石油采收率指出了明确的方向，因此开发一种能有效提高驱替液弹性的驱油剂对提高石油采收率具有重要的意义。

1.6　基础流变学研究进展

广义的流变学是指研究材料流动与变形的学科，这里所说的"材料"可以是固体、液体或者气体。流变学涉及自然界发生的各种流动和变形过程，因而广泛地应用到许多技术领域，从地球板块的漂移、气象变化、石油开采、化工过程到生物体的新陈代谢和血液循环等，是当代科学技术发展中一门非常重要的学科。在材料众多物理性能的研究中，流变性能一直备受关注，这不仅因为它可以指导材料的加工成型及应用，还因为它能够提供材料结构形态方面的信息。

目前流变学的研究方法分为两种。一种是将材料作为连续介质处理，用连续介质力学的数学方法进行研究，这已成为流变学研究最重要的方法之一，称为连续介质流变学。这种研究方法不考虑材料的结构，因此又称为宏观流变学或唯象流变学。另一种则是从材料的结构出发，研究材料宏观流变性质与微观结构的关系，称为结构流变学，又称为分子流变学或微观流变学。根据研究流体的不同，又可分为简单流体流变学和复杂流体流变学。

1.6.1　简单流体基础流变学

经典力学认为，流动与变形是两个范畴的概念，流动是液体材料的属性，而变形是固体材料的属性。液体流动时，表现出黏性行为，产生永久变形，形变不可恢复并耗散能量。而固体变形时，表现出弹性行为。其产生的弹性形变在外力撤销时能够恢复，且产生形变时贮存能量，形变恢复时还原能量。两者的区别如图 1-5 所示，而黏弹性一词表明在材料中黏性和弹性同时存在，广义来讲，在适当的时间尺度下，所有的实际材料都具有黏弹性。因此，在流变学研究中，时间尺度是一个非常重要的参数。

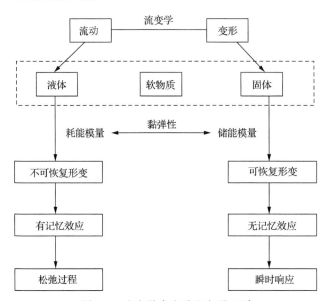

图 1-5　流变学中流动和变形区别

1. 简单流体的黏弹性

通常按外界施力(或物质受力)方式不同，流变学测试方法可分为如下两种。

(1)稳态剪切，即在一定应力或应变下的剪切流变条件下，研究材料非线性黏弹性，如连续形变下黏度、应力或第一法向应力差与剪切速率之间的关系。稳态流变学通过测定体系的流动曲线或通过某些黏弹性参数，可获知流动时高分子链段或聚集体的剪切稳定性及取向。然而对于非均相高分子体系而言，这些信息往往有限，并且连续的大形变会造成高分子，尤其是非均相高分子的形态结构发生变化甚至被破坏，因而难以准确地获得材料结构及大分子链段自组装及其相互作用的信息。

(2)动态振荡剪切，即在周期性应力或应变下的振荡剪切流条件下，研究材料的线性黏弹性，通过动态流变学方法测定动态模量来获得材料结构方面的信息。黏性模量 G'' 代表材料变形时消耗的能量或内摩擦的能量，表征材料的黏性大小。弹性模量 G' 又称储能模量，代表材料变形时储存的能量，这部分能量在外加应变撤销时可释放出来，表征材料的弹性大小。在三次采油调剖堵水中所用的凝胶，其黏性模量的大小与凝胶堵塞物的抗冲刷性和附着力有关，黏性模量越大，表明凝胶的内摩擦力越大,其在岩石孔隙内运移越困难,抗冲刷性越好。而弹性模量的大小与凝胶的变形性、恢复能力及维持整体性的能力有关,弹性模量高的凝胶不易变形,但变形后凝胶的恢复能力强。黏性模量和弹性模量是凝胶调剖堵水行为的两个重要参数。

相对稳态流变测试而言,动态流变测试通常在小振幅(应变)条件下进行。通常认为动态测试不会对材料自身结构产生影响或破坏,并且线性黏弹性响应对材料形态结构的变化非常敏感,因此动态流变学方法在非均相复杂流体的研究中被广泛应用。研究表明,采用动态流变学还能获得一些其他方法不能得到的关于结构及性能方面的重要信息,例如采用小振幅动态振荡剪切测试考查一些复杂流体在屈服前后的黏弹性本质,有助于获得材料微观结构的信息,优化材料结构。

2. 黏弹性模型

聚合物的黏弹性是指材料在形变过程中,同时表现出黏性材料和弹性材料的特征。由于高分子链在外力作用下产生拉伸形变,当外力去掉后高分子链又恢复到自然蜷曲状态,但是大分子链段在外力作用时构象调整的速度比较缓慢,分子的应变速率滞后于应力,从而表现出黏弹性特征。

测量聚合物溶液黏弹性的方法有很多,如应力松弛实验、蠕变实验以及动态振荡剪切实验等,聚合物溶液在稳态剪切下测量的第一法向应力差 N_1 也可表征其黏弹性。但是实际应用时采用的聚合物溶液多为亚浓溶液,该浓度下聚合物溶液在较小应力下即可产生黏性流动,蠕变实验以及应力松弛实验难以实施,因此主要通过动态振荡剪切实验来研究聚合物溶液的黏弹特性。

在进行动态测试之前,首先需要通过应力扫描测试测定材料的线性黏弹区。线性黏弹区定义为在不破坏材料结构的前提下,材料能够承受的最大应变。因此线性黏弹区可以用来评价材料流体的稳定性,由于材料结构在破坏之前,其结构性能与弹性直接相关,G' 在线性黏弹区的长度可作为材料结构稳定性的量度。材料线性黏弹区越长意味着该体系越均匀且稳定[187]。因此应力振荡扫描测试常常被用来评价凝胶、乳液、分散液、浆体和泥浆等的稳定性,且振荡实验可以用来测试浓悬浮体的线性和非线性黏弹性[188]。而频率扫描测试可以将材料的黏弹性转化为时间尺度的函数,并且通过扫频可以获得 G' 和 G'' 两个重要参数[189]。

在振荡剪切实验中,对样品施加一个正弦交变应力,且峰值为 σ_0,则应力和应变可表示为

$$\sigma = \sigma_0 \sin(\omega t) \tag{1-5}$$

式中，σ_0 为交变应力峰值；ω 为交变应力角频率；t 为时间。

对于理想弹性体，在交变应力作用下，会产生相应的应变：

$$\varepsilon = \varepsilon_0 \sin(\omega t)$$

式中，ε_0 为应变的峰值。

在应力作用的一个周期内，能量以形变的形式储存起来，继而又全部转化成动能释放出去，使材料恢复到起始状态，施加应力与应变之间的相位角为 0°；对于牛顿液体而言，外界能量全部转化为热能损耗，应变落后应力，相位角为 90°。而黏弹性流体介于理想弹性体和牛顿液体之间，一部分能量以形变的形式存储起来，另一部分则转变为热能损耗掉。因此，在正弦交变应力作用下，线性黏弹性聚合物流体的应变为一正弦函数，且此应变函数 $\gamma(t)$ 与交变应力振动频率相同，落后应力函数 $\tau^*(t)$ 的相位角 δ，如图 1-6 所示。即

$$\varepsilon = \varepsilon_0 \sin(\omega t + \delta) \tag{1-6}$$

$$\omega = 2\pi f \tag{1-7}$$

式中，δ 为相位角；f 为频率，Hz；t 为时间，s。

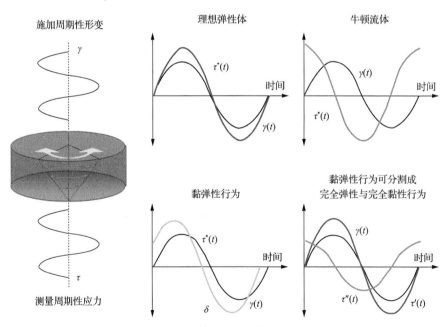

图 1-6 理想弹性体和牛顿流体应力应变关系

将此式展开，得到

$$\varepsilon = \varepsilon_0 \sin(\omega t)\cos\delta - \varepsilon_0 \cos(\omega t)\sin\delta \tag{1-8}$$

由式(1-8)可知，交变应力产生的应变分为两项，第一项为 $\varepsilon_0 \sin(\omega t)\cos\delta$，与应力变化一致，反映聚合物溶液的弹性性能；另一项为 $\varepsilon_0 \cos(\omega t)\sin\delta$，落后应力变化 90° 的相位角，反映聚合物溶液的黏性性能。

剪切应力与最大应变的比值称为复数模量(G^*)，反映材料抵抗形变的能力：

$$G^* = \frac{\sigma_0}{\varepsilon_0} \tag{1-9}$$

复数模量也可以分为弹性和黏性两部分，弹性部分称为弹性模量(G')，定义为

$$G' = G^* \cos\delta = \frac{\sigma_0}{\varepsilon_0}\cos\delta \tag{1-10}$$

由经典的弹性理论可知[190]：弹性模量和聚合物交联网络结构有如下关系式：

$$G' = \frac{\rho RT}{M_C} \tag{1-11}$$

式中，ρ 为凝胶密度，g/cm³；M_C 为交联点间摩尔质量，g/mol；R 为摩尔气体常数；T 为热力学温度。该式说明 G' 可以间接表征凝胶的交联密度。

黏性部分为"黏性模量"，定义为

$$G'' = G^* \sin\delta = \frac{\sigma_0}{\varepsilon_0}\sin\delta \tag{1-12}$$

所以，复数模量和相位角可以表示为弹性模量和黏性模量的函数：

$$G^* = G' + iG'' \tag{1-13}$$

对于具有黏弹特性的高分子聚合物，描述线性黏弹性流体的最基本的本构模型为 Kelvin-Voigt 模型以及 Maxwell 模型。

Kelvin-Voigt 模型[191,192]是将一个弹簧和一个黏壶并联(图 1-7)，在外力作用时，弹簧和黏壶的应变相等，总应力为弹簧和黏壶应力之和。其状态方程为

$$\tau = G\gamma + \eta \mathrm{d}\gamma / \mathrm{d}t = G\gamma_0 \sin(\omega t) + \eta\omega\gamma_0 \cos(\omega t) \tag{1-14}$$

式中，η 为黏度。

若施加的应力恒定，则该微分方程可解为

$$\gamma(t) = \tau_0 / [G(1 - e^{-t/\lambda})] \tag{1-15}$$

式中，λ 为松弛时间，$\lambda = \eta / G$。

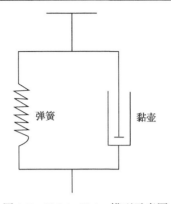

图 1-7　Kelvin-Voigt 模型示意图

　　Kelvin-Voigt 模型代表一种黏弹性固体模型。当应力维持不变时，发生形变的样品产生松弛，应力解除后，应变的回复则是延迟的；弹簧决定该模型最终应变响应大小，黏壶决定了在起始阶段延迟该应变的响应；当时间 t 趋于无穷大时，公式可简化为 $\gamma(t \to \infty) = \gamma_\infty = \tau_0 / G$，即时间无限长时，该模型的总应变大小为弹簧的最终响应大小；另外在施加应力过程中，应变-时间曲线最初随斜率增加，此斜率与黏壶的剪切速率有关。当去除应力后，Kelvin-Voigt 模型可完全回复。

　　Maxwell 模型是将一个弹簧和一个黏壶串联，如图 1-8 所示，因此弹簧和黏壶的剪切应力总是相等的，总应变为弹簧应变 γ_E 和黏壶应变 γ_V 之和，即 $\gamma = \gamma_V + \gamma_E$。其状态方程为

$$\mathrm{d}\gamma / \mathrm{d}t = (1 / G)(\mathrm{d}\tau / \mathrm{d}t) + \tau / \eta \tag{1-16}$$

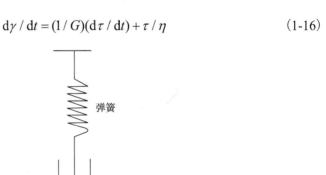

图 1-8　Maxwell 模型示意图

引入正弦应变函数，则

$$\omega\gamma_0\cos(\omega t)=(1/G)(\mathrm{d}\tau/\mathrm{d}t)+\tau/\eta \tag{1-17}$$

此微分方程可解得：

$$\tau=[G\lambda^2\omega^2/(1+\lambda^2\omega^2)]\sin(\omega t)+[G\lambda\omega/(1+\lambda^2\omega^2)]\cos(\omega t) \tag{1-18}$$

式中，λ 为松弛时间，$\lambda=\eta/G$。

从式(1-18)可以看出，Maxwell 模型在正弦应变条件下产生的应力响应由两部分组成：一部分为相位角为 0°的弹性正弦函数，另一部分为相位角为 90°的黏性余弦函数。由此可得到

$$G'=G\lambda^2\omega^2/(1+\lambda^2\omega^2) \tag{1-19}$$

$$G''=G\lambda\omega/(1+\lambda^2\omega^2) \tag{1-20}$$

Maxwell 模型代表一种黏弹性液体。当受到应力作用时，Maxwell 模型首先产生与弹簧弹性响应相一致的瞬时应变，随后该模型表现出黏性响应，应变速率与黏壶液体的黏度有关。当去除应力后，应变立即变为一恒定数值，不随时间变化，下降的幅度与弹簧的应变恢复有关，而保留的永久应变则相当于黏壶的黏性流动量。

虽然 Kelvin-Voigt 模型和 Maxwell 模型相对于实际的黏弹性材料都过于简单，从流变学角度都不能代表真实的黏弹性材料的流变性能，但是正确利用这些模型有助于深化对复杂黏弹性材料流变行为的认识，从而得到有意义的实验结果。对于聚丙烯酰胺类流体，其流动行为更类似于 Maxwell 模型。当其在多孔介质中运移时，表现出一种应力松弛行为，可用 Maxwell 模型进行深入研究，本书第 9 章会对此进行详细论述。

3. 简单流体流动模型

为了描述在较低剪切速率以及较高剪切速率下的黏度曲线，至少需要四个参数，其中 Cross 模型[193]能较好地描述该曲线：

$$\frac{\eta-\eta_\infty}{\eta_0-\eta_\infty}=\frac{1}{1+(K\dot\gamma)^m} \tag{1-21}$$

或转化为

$$\frac{\eta_0-\eta}{\eta-\eta_\infty}=(K\dot\gamma)^m \tag{1-22}$$

式中，$\dot\gamma$ 为剪切速率；η_0 和 η_∞ 分别为极低剪切速率和极高剪切速率时的黏度近似值，即零切黏度和极限黏度；K 为稠度系数，是一个具有时间量纲的参数；m

为无量纲常数。

将 Cross 模型做适当的近似处理，可得到多种变形形式，增加模型的适用性。

(1)当 $\eta_\infty \ll \eta \ll \eta_0$ 时，Cross 模型可转化为

$$\eta = \frac{\eta_0}{(K\dot{\gamma})^m} \tag{1-23}$$

对参数重新定义，即可得到应用范围最广泛的幂律模型(Ostwald-Dewaele 模型)[194]形式：

$$\eta = K\dot{\gamma}^{n-1} \tag{1-24}$$

或

$$\lg\eta = k + (n-1)\lg\dot{\gamma} \tag{1-25}$$

式中，$k=\lg K$；K 为稠度系数，Pa·s^n；n 为流动指数，无因次，可表示与牛顿流体的偏离程度。幂律指数 n 的变化范围为 0～1。当 $n=1$ 时，为牛顿流体；当 $0<n<1$ 时，为假塑性流体。幂律方程形式简单，应用方便，在假塑性区时拟合结果良好。但是在较低剪切速率和较高剪切速率时幂律模型无法准确描述 η 和 $\dot{\gamma}$ 的关系。

幂律模型为 Cross 模型的特殊形式，是分析聚丙烯酰胺水溶液 η 和 $\dot{\gamma}$ 关系最常用的模型，该模型描述的剪切区间为介于第一牛顿区和第二牛顿区中间的假塑性区，在中等剪切速率下近似表现为一条直线。

(2)当 $\eta \ll \eta_0$ 时，Cross 模型可转化为

$$\eta = \eta_\infty + \frac{\eta_0}{(K\dot{\gamma})^m} \tag{1-26}$$

或

$$\eta = \eta_\infty + k\dot{\gamma}^{n-1} \tag{1-27}$$

式(1-27)即为 Sisko 模型[195]。该模型适用的剪切速率范围比幂律模型广，且仅有 3 个参数，比 Cross 模型更简单。如果假设 Sisko 模型的 n 为零，则可以得到

$$\eta = \eta_\infty + k\dot{\gamma}^{-1} \tag{1-28}$$

将参数经过简单的重新定义后即可以写成：

$$\sigma = \sigma_y + \eta_p\dot{\gamma} \tag{1-29}$$

式中，σ_y 为屈服应力，Pa；η_p 为塑性黏度；mPa·s。两者均为常数。式(1-29)即为著名的 Bingham 模型公式[196-198]。

描述非牛顿流体剪切变稀行为的模型还有 Meter 模型：

$$\eta = \eta_\infty + \frac{\eta_0 - \eta_\infty}{1 + \left(\dfrac{\dot\gamma}{\dot\gamma_{1/2}}\right)^{\alpha-1}} \tag{1-30}$$

式中，$\dot\gamma_{1/2}$ 为 $(\eta_0 + \eta_\infty)/2$ 所对应的剪切速率；α 为试验确定的指数参数。

除了上述四参数模型外，为了更加准确地描述聚合物流变曲线，Carreau 提出了 Carreau 模型 [199]：

$$\frac{\eta - \eta_\infty}{\eta_0 - \eta_\infty} = \frac{1}{\left[1 + (\lambda\dot\gamma)^m\right]^{\frac{1-n}{m}}} \tag{1-31}$$

式中，λ 为 Carreau 时间常数；n 和 m 为模型的经验指数。Carreau 模型为五参数模型，在相当宽的剪切速率范围内都能很好地拟合聚丙烯酰胺等溶液的流变曲线。

以上模型均有各自的适用范围，如幂律模型仅适用于近似中央的假塑性区域，Sisko 模型则适用于从中剪切速率至高剪切速率的区域，Carreau 模型则在很宽的速率范围内都能很好地拟合聚合物的流变行为。

1.6.2　悬浮体系基础流变学

1. 复杂流体及悬浮体系

目前使用的材料中绝大部分是高分子的混合物，即非均相聚合物复杂体系。而复杂体系的结构与性能的关系对材料的加工和应用具有重要的指导意义。在材料众多的性能研究中，采用流变学方法研究聚合物及其复杂体系在外场作用下的性能备受关注。由于非均相体系的流变行为的复杂性与多样性，近年来，其形态、相行为、结构与流变行为的关联成为高分子研究领域的热点之一。

复杂流体又称结构流体，是指聚合物流体或具有微相结构的溶液、泡沫和胶体等。胶体悬浮体系、浓乳液、凝胶等物质通常被认为是复杂流体，它们都具有复杂的流变行为。复杂流体的流变性与浓度、颗粒级配、固体颗粒性质等因素有关，故其流变特性与均相流体具有很大差异。这些流体的一个共同特征是具有多尺度结构，而这些结构在外场作用下很容易发生改变，这也是很多复杂流体都存在屈服应力的原因，与此同时，材料的触变性、非触变性、反触变性等行为使复杂流体的流变行为更复杂。

悬浮体系作为复杂流体中的一类，表现出介于固、液体之间的复杂流动，是凝聚态物理中极具挑战性的课题之一。悬浮体系广泛存在于日常生活、工业生产和自然界中，包括化妆品、液体食品、医药材料、水泥涂料、印刷油墨、黏合剂、钻井泥浆和浮尘、烟雾等相关体系，悬浮体以不同于均相体系的流变特性引起了越来越多的关注。悬浮体的基体一般为牛顿液体或黏弹液体，悬浮介质包括具有各种长径比的硬颗粒、软颗粒、液滴或气泡；尺寸范围涵盖了微观($d<1\mu m$)、介观($1\mu m<d<0.1mm$)、宏观($d>1mm$)等尺度；颗粒填充浓度一般较大，接近于颗粒的最大填充体积分数。悬浮体系具有相似的流动行为，在不受外场(重力除外)作用或静止时能维持自身形态，当外场应力增加到一定强度时则像流体一样开始流动。但各体系的流变行为表现出不同的特点，相关研究对悬浮体系的实际应用具有重要的指导意义。

2. 悬浮体的稳态黏度与颗粒浓度

在体系中悬浮材料占整个悬浮体空间的分数，称为相体积ϕ，它是体积分数，而不是通常用于定义浓度的质量分数。

预测稀悬浮体(相体积≤10%)的稳态黏度，已经有相当多的研究成果。这些研究基本上都是以爱因斯坦小球工作[200,201]为基础展开的，于是粒子形状、颗粒电荷、颗粒粒径大小及分布、因一个粒子进入另一个粒子附近而产生的少量流体动力学相互作用都可以加以考虑。

爱因斯坦首先从理论上推导出黏度与悬浮粒子浓度之间的关系。假定悬浮粒子是刚性的，尺寸比分散介质分子大得多，悬浮粒子的距离很远，它们中任何一个粒子的运动不受其他粒子的干扰，同时悬浮体的流动是缓慢而稳定的。由此计算出悬浮体系稳态黏度与悬浮粒子浓度之间的关系：

$$\eta = \eta_s(1+2.5\phi) \tag{1-32}$$

式中，η_s为悬浮体介质的黏度；ϕ为悬浮粒子的体积分数。由式(1-32)可见悬浮体的黏度随ϕ而变，与悬浮粒子尺寸大小无关。

如用相对黏度$\eta_r = \eta/\eta_s$来表示，则有

$$\eta_r = 1+2.5\phi \tag{1-33}$$

或用比浓黏度式来表示：

$$\eta_{sp} = 2.5\phi \tag{1-34}$$

除爱因斯坦外，还有一些学者提出了关于稀悬浮液黏度的理论，他们得到的结果如下。

Guth，Simha 和 Gold：

$$\eta_r = 1 + 2.5\phi + 14.1\phi^2 \tag{1-35}$$

Vand：

$$\eta_r = 1 + 2.5\phi + 7.35\phi^2 \tag{1-36}$$

Batchelor：

$$\eta_r = 1 + 2.5\phi + 6.2\phi^2 \tag{1-37}$$

总结对于剪切流动的研究,发现大量公式包含多次项 ϕ^2,但是所得数值不同,变化范围为 5～15。

虽然已对稀悬浮体黏度做了大量研究工作,但除了提供的某些有限的浓体系之外,这些工作很少与实际应用的重要的悬浮体相关。稀悬浮体理论仅仅适用于相体积低于 10%的范围,这说明其黏度对连续相黏度的增大不多于 40%。关于悬浮粒子的大小,有实验证明黏度与它无关,但尚存争议。如果悬浮粒子是"活性的",即它与分散介质存在较大的相互作用,对黏度的影响更为显著。

从理论观点看来,浓悬浮体的情况更加复杂,粒子尺寸不能被忽略。为了与粒子尺寸不同的浓悬浮体的黏度相关联,Krieger[202]假定改用一全新变量来代替剪切速率,即

$$P_e = 6\sigma a^3 / kT \tag{1-38}$$

式中, a 为粒子半径； σ 为剪切应力； T 为热力学温度； k 为热力学常数。

Krieger[202]证明,对于无相互作用的悬浮体,亚微米悬浮体的黏度-剪切应力曲线可化为单一曲线,而不需考虑粒子尺寸、温度和连续相黏度等因素。Krieger[202]指出,在考虑浓悬浮体时,悬浮体的黏度较连续相的黏度更重要。在大多数情况下,黏度对 P_e 所做曲线的形状服从经典的 Ellis 模型：

$$\frac{\eta - \eta_\infty}{\eta_0 - \eta_\infty} = \frac{1}{1 + b(P_e)^a} \tag{1-39}$$

式中, a 和 b 均为无量纲量。

3. 悬浮体稳态黏度与剪切速率

悬浮体系的稳态黏度与浓度、剪切速率($\dot{\gamma}$)之间的关系是该领域研究的焦点之一。一般说来,低剪切速率下悬浮体稳态黏度随浓度的增加逐渐呈现非牛顿特性,通常临界浓度约为体积浓度的 40%[203,204]；随体积浓度增大到 50%时[205,206],颗粒之间的接触对体系应力影响较大,体系出现明显的屈服应力,体系黏度发生突变；浓度继续增大到最大填充浓度时,颗粒间距足够小,理论上体系黏度可趋

于无穷大。对于悬浮颗粒有沉降或颗粒间有较强相互作用时，临界浓度会偏低，小于40%。

悬浮体的剪切黏度随剪切速率（$\dot{\gamma}$）或剪切应力（σ）的变化而变化，中等剪切速率下黏度逐渐减小，表现出剪切变稀现象，而高剪切速率下悬浮体系黏度反而增加。如果黏度增加的这种趋势是连续的，表明该悬浮体系出现剪切增稠，如果增加趋势不连续，表明该体系出现流动停止[207]。

研究表明，浓悬浮体的剪切变稀现象说明悬浮颗粒在剪切流场作用下进行有序排列，表现出各向异性的微观结构，流动阻力减小，黏度降低；剪切增稠现象则表明体系中的有序结构被破坏，剪切流动出现紊乱，表现出各向同性的微观结构，颗粒间平均距离增大，出现流动膨胀行为[208]，如果该膨胀行为发生在受限空间内会直接导致流动停止而非剪切增稠。

4. 悬浮体的触变性

触变性对悬浮体具有非常重要的作用，它能够直观地反映体系微观结构在外加流场作用下随时间的变化。触变性是指材料在一定剪切速率下黏度随时间逐渐减小，当剪切停止或减弱时黏度又得到恢复的性质[209,210]。触变性与材料微观结构的变化密切相关，当剪切诱导结构破坏速率大于结构重建速率时黏度降低，当结构重建速率大于破坏速率时，黏度上升。

时间因素对材料的触变性而言极为关键，材料结构对时间有依赖性，在流变性质上表现为应力松弛和黏弹特性。如果对材料施加阶跃剪切速率或剪切应力流场（图1-9），通过剪切速率突降的条件，就可以从应力-时间曲线上判断材料是否具有触变性。对于黏塑性触变流体的应力先迅速减小至最小值而后随时间逐渐达到平衡。如果相同的测试用于弹性流体，图形可能会相对复杂，因为黏弹性对应力增长和衰减都有贡献。

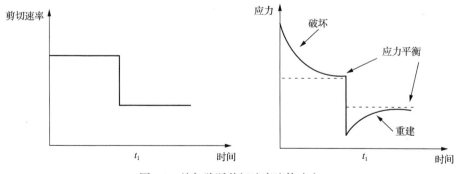

图1-9　施加阶跃剪切速率流体响应

触变性的测试最常用的是剪切速率先升后降的速率扫描方法[211-213]，得到测试材料的应力滞后环,又称触变环(thixotropy-loop),通过触变环面积的大小可以定性的判断材料触变性的强弱,触变环面积较大说明体系触变性较强。此外,测试材料触变性的方法还有:大振幅振荡剪切流动[214-217]、单速率时间扫描[218,219]、蠕变[220]和阶跃速率或应力[221-223]。

5. 悬浮体的屈服应力

在流变学上,屈服应力是指流体刚开始流动时所需要的最低剪切应力。如果材料存在屈服应力 σ_y,那么低于 σ_y 时材料不会流动,而在高于 σ_y 时材料会以一定的稳态剪切速率流动,这种材料也被称为简单屈服应力流体,常用 Herschel-Bulkley 模型[224,225]描述这种材料的屈服行为

$$\sigma = \sigma_y + K\dot{\gamma}^n \tag{1-40}$$

式中,σ 为剪切应力,Pa;σ_y 为屈服应力,Pa;$\dot{\gamma}$ 为剪切速率,s^{-1};K 为稠度系数,$Pa \cdot s^n$;n 为流动指数。

过去曾对屈服应力测试方法和屈服应力本身的含义存在过争议[226-235],即把简单屈服应力流体的屈服应力的测试方法应用在触变性屈服应力流体的屈服应力测量中,忽略了触变性屈服应力流体的触变性,争论的焦点在于屈服应力是高黏态到低黏态转变的临界应力还是类固态到类液态转变的临界应力。Møller 和 Fall[236,237]证明了屈服应力真实存在,并且证明了屈服应力是类固态向类液态转变的临界应力。这表明低于屈服应力下得到的黏度不是材料的稳态黏度,材料在该区域内的黏度大小与每个应力点的平衡时间有关。因此,去掉这些非稳态值后,材料的流动曲线就可以应用 Herschel-Bulkley 模型来描述,从而得到准确的屈服应力。

第 2 章　黏弹性颗粒驱油剂合成与性能

2.1　引　　言

化学驱是我国三次采油中应用最为广泛的提高采收率方法，而丙烯酰胺类聚合物是化学驱中应用最成功的材料。其中作为驱油剂应用最广泛的是部分水解聚丙烯酰胺。然而实践发现，部分水解聚丙烯酰胺在高温条件下易水解，水解产生的羧基离子与盐水中的碱金属离子络合，由于静电屏蔽作用，分子线团收缩，溶液黏度急剧下降。同时，部分水解聚丙烯酰胺水溶液对高渗透地层的封堵能力差，在非均质情况严重的油藏中不能有效地扩大波及体积，提高采收率。

部分水解聚丙烯酰胺耐温抗盐能力和渗透率调节能力差的缺点制约了其在三次采油中的应用。而作为调剖剂使用的聚合物凝胶虽然拥有交联赋予的优异耐温抗盐和渗透率调节能力，但是其水溶液的增黏能力差，悬浮性能差，同时颗粒在孔隙中的变形能力较差，不能作为有效的驱油剂使用。

交联是提高聚合物耐老化性能和凝胶弹性的有效措施，然而如何控制交联程度使聚合物形成部分交联、部分支化的分子结构，使其在提高耐温抗盐能力和弹性的同时保留部分增黏能力且能在地层中变形运移，是实现最初构想的重要基础。据此，设计了黏弹性颗粒驱油剂(B-PPG)的分子结构，首先根据传统的控制聚合物交联的方法，以小分子作为交联剂与丙烯酰胺共聚合，未能成功获得交联结构可控的聚丙烯酰胺。继而设计了由动力学控制交联结构的黏弹性颗粒驱油剂的合成方案，在理论计算验证了该方案可行性的基础上选用了金属类、多元醇类和 DA 类三种引发体系，分别成功获得了结构稳定的黏弹性颗粒驱油剂。经过对三类引发体系合成获得的样品的性能比较，发现 DA 引发体系在三类黏弹性颗粒驱油剂中性能最佳，能在有效提高水溶液弹性的同时维持黏度在一个较高的水平。

2.2　实　验　部　分

2.2.1　主要试剂

合成及评价黏弹性颗粒驱油剂所需要的主要试剂见表 2-1。

表 2-1　实验需要的主要试剂

名称	规格	生产厂家
丙烯酰胺	分析纯	成都市科龙化工试剂厂
过硫酸钾（KPS）	分析纯	天津市博迪化工有限公司
亚硫酸氢钠	分析纯	天津市博迪化工有限公司
N，N-亚甲基双丙烯酰胺	分析纯	福晨(天津)化学试剂有限公司
硝酸铈铵	分析纯	山东鱼台清达精细化工厂
丙三醇	分析纯	天津市博迪化工有限公司
甲基丙烯酸二甲氨基乙酯	分析纯	百灵威科技有限公司
氯化钠	分析纯	天津市科密欧化学试剂有限公司
氯化钙	分析纯	天津市科密欧化学试剂有限公司
氯化镁	分析纯	天津市博迪化工有限公司
硫脲	分析纯	天津市博迪化工有限公司
去离子水	自制	四川大学

2.2.2　使用设备及仪器

实验需要的主要设备及仪器见表 2-2。

表 2-2　实验需要的主要设备及仪器

名称	型号	生产厂家
电子天平	FA1004	上海良平仪器仪表有限公司
电动搅拌器	JB90-D	上海标本模型厂
水浴锅	HH-S	巩义市予华仪器有限责任公司
烘箱	DHG-9145A	上海齐欣科学仪器有限公司
粉碎机	FW-200	北京中兴伟业世纪仪器有限公司
控温仪	WMZK-01	上海医用仪表厂
流变仪	Bohlin Gemini 200	马尔文帕纳科公司
老化箱	401B	上海实验仪器厂有限公司
电磁搅拌器	85-2	金坛市大地自动化仪器厂
旋转黏度计	NDJ-5S	上海精密科学仪器有限公司

2.2.3　聚合物的合成

采用小分子交联剂合成了控制交联的聚丙烯酰胺凝胶，采用金属类引发体系、

KPS-多元醇类引发体系和 KPS-NaHSO$_3$-DA 引发体系制备了黏弹性颗粒驱油剂。

1. 采用小分子交联剂合成黏弹性颗粒驱油剂

分别称取一定比例的 KPS、亚硫酸氢钠、N, N-亚甲基双丙烯酰胺于烧杯中，用一定量去离子水溶解，称取定量的丙烯酰胺加入三颈瓶中，加入去离子水使其完全溶解并置于确定温度的水浴中。加入 N, N-亚甲基双丙烯酰胺溶液在三颈瓶中搅拌均匀，通氮气除氧 15～30min，然后依次加入 KPS 和亚硫酸氢钠溶液，搅拌均匀。待反应体系开始聚合，黏度明显增加时，停止鼓氮气，绝热反应至温度恒定后，80～90℃下保温 2～4h。取出凝胶，切碎至 1～3mm 粒径，70～90℃烘干，粉碎筛分备用。

2. 金属类引发体系合成黏弹性颗粒驱油剂

分别称取一定比例的硝酸铈铵、丙三醇于烧杯中，用一定量去离子水溶解，称取丙烯酰胺加入三颈瓶中，加入定量的去离子水使其完全溶解。三颈瓶置于确定温度的水浴中，搅拌均匀，通氮气除氧 15～30min，然后依次加入硝酸铈铵和丙三醇溶液，搅拌均匀。待反应体系开始聚合，黏度明显增加时，停止鼓氮气，绝热反应至温度恒定后，80～90℃下保温 2～4h。取出凝胶，切碎至 1～3mm 粒径，70～90℃烘干，粉碎筛分备用。

3. KPS-多元醇类引发体系合成黏弹性颗粒驱油剂

分别称取一定比例的 KPS、NaHSO$_3$、丙三醇于烧杯中，用一定量去离子水溶解，称取定量的丙烯酰胺加入三颈瓶中，加入去离子水使其完全溶解。三颈瓶置于确定温度的水浴中，将丙三醇溶液加入三颈瓶中搅拌均匀，通氮气除氧 15～30min，然后依次加入 KPS 和 NaHSO$_3$ 溶液，搅拌均匀。待反应体系开始聚合，黏度明显增加时，停止鼓氮气，绝热反应至温度恒定后，80～90℃下保温 2～4h。取出凝胶，切碎至 1～3mm 粒径，70～90℃烘干，粉碎筛分备用。

4. KPS-NaHSO$_3$-DA 引发体系合成黏弹性颗粒驱油剂

分别称取一定比例的 KPS、NaHSO$_3$、DA 于烧杯中，用一定量去离子水溶解，称取一定量的丙烯酰胺加入三颈瓶中，加入定量的去离子水使其完全溶解。三颈瓶置于确定温度的水浴中，将 DA 溶液加入三颈瓶中搅拌均匀，通氮气除氧 15～30min，然后依次加入 KPS 和 NaHSO$_3$ 溶液，搅拌均匀。待聚合开始，黏度明显增加时，停止鼓氮气，绝热反应至温度恒定后，80～90℃下保温 2～4h。取出凝胶，切碎至 1～3mm 粒径，70～90℃烘干，粉碎筛分备用。

2.2.4　测试与表征

1. 聚合物溶液的配制

称取一定量的确定粒径范围的聚合物颗粒，在磁力搅拌下加入到配制好的盐水中。本小节测试所用盐水总矿化度为 30000mg/L，配方如表 2-3 所示。除注明浓度的地方外，本小节中测试采用的聚合物溶液浓度均为 1%。

表 2-3　配制模拟盐水组成

H₂O	NaCl	CaCl₂	MgCl₂·6H₂O
1000mL	27.3067g	1.11g	3.833g

2. 悬浮性能测试

将配制好的 B-PPG 盐水溶液静置 48h，待充分溶胀后，搅拌均匀，取 100mL 置于 100mL 的量筒中，静置 8h，待颗粒沉降后读取颗粒分界面刻度，即为悬浮体积的百分比值。测试溶液配制同"聚合物溶液的配制"。

3. 体相黏度测试

体相黏度测试采用 NDJ-5S 型旋转黏度计，3$^{\#}$转子，30rad/min 转速条件下测试，测试溶液配制同"聚合物溶液的配制"。

4. 流变性能测试

采用 Bohlin Gemini 200 型马尔文高级流变仪测试流变性能。表观黏度和动态模量测试均采用 40mm 平板，平板间距 1000μm。

表观黏度测试测定了样品黏度随剪切速率的变化曲线。B-PPG 盐水溶液为非牛顿流体，应力和剪切速率比值不是常数，但是仍可以用牛顿黏度类比，取其比值定义为表观黏度 η_a，因此虽然表观黏度不完全能够代表高分子的不可逆形变的难易程度，但用其评价流体流变性能，却有很好的实用性和相关性，如式 (2-1) 所示：

$$\eta_a = \eta(\dot\gamma) = \sigma_s(\dot\gamma) / \dot\gamma \tag{2-1}$$

假塑性流体和膨胀性流体的流动曲线都是非线性的曲线，可以用指数关系来描述剪切应力和剪切速率的关系，即幂律方程：

$$\sigma_s = K\dot\gamma^n \tag{2-2}$$

式中，K 为稠度系数，K 值越大表明测试样品的增黏能力越强；n 为表征一个溶液流动性偏离牛顿流体流动性的指数，称为流动指数或非牛顿指数，假塑性流体的非牛顿指数小于 1，而膨胀性流体的非牛顿指数大于 1，牛顿流体即为 $n=1$ 时的情况，黏度即为 K。

将式(2-2)代入式(2-1)中可得式(2-3)：

$$\eta_a = K\dot{\gamma}^n / \dot{\gamma} = K\dot{\gamma}^{n-1} \tag{2-3}$$

可以看出，表观黏度是剪切速率和 n 的函数，n 值可以表征聚合物溶液偏离牛顿流体的程度，就 B-PPG 溶液而言，可以代表其中支化链及可溶性分子之间的缠结，其含量多少以及链长度对表观黏度的影响。

动态模量的测试是一个振荡剪切过程，需要在线性黏弹区内进行。本书中动态模量的测试均是在控制应力的条件下进行，因此在进行动态测试前需要先进行应力扫描来确定线性黏弹区，进而确定动态模量测试中采用的应力值。通过测试应力-应变曲线，由式(2-4)可得复合模量 G^*：

$$G^* = \tau_0/\gamma_0 = G' + iG'' \tag{2-4}$$

根据相位角分解可得弹性模量和损耗模量：

弹性模量：

$$G' = G^* \cos\delta = (\tau_0/\gamma_0)\cos\delta \tag{2-5}$$

损耗模量：

$$G'' = G^* \sin\delta = (\tau_0/\gamma_0)\sin\delta \tag{2-6}$$

式中，G' 为材料的弹性模量，在 B-PPG 溶液中，可以作为样品交联网络弹性的度量。测试中为了得到稳定的 G' 数据，可以在单频下进行重复测试，取平稳后的平均值作为 G' 的度量。

2.3　小分子交联剂合成 B-PPG

双烯类小分子交联剂是聚丙烯酰胺溶液聚合中最常用的交联剂，通过双键游离基加成聚合进入主链形成交联结构。本章的小分子交联剂采用 N, N-亚甲基双丙烯酰胺(NMBA)，拟通过控制小分子交联剂的用量得到结构稳定可控的黏弹性颗粒驱油剂。引发体系选用传统的过硫酸钾-亚硫酸氢钠引发体系。

通过合成获得了不同小分子交联剂含量的系列聚丙烯酰胺凝胶。通过性能测试发现，控制小分子交联剂的含量不能获得结构可控的黏弹性颗粒驱油剂。图 2-1 为不同交联剂用量下由制备的样品分离获得的交联凝胶含量。由其变化可以看出，在小分子交联剂用量极小时，获得样品的交联度极低，然而随着交联剂用量的增加，凝胶含量陡增，瞬间形成完全交联的凝胶。

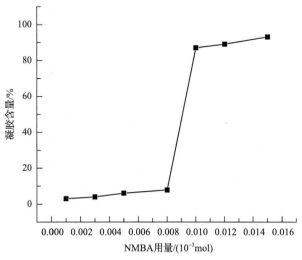

图 2-1　NMBA 用量对凝胶含量的影响

表 2-4 所示的体相黏度和悬浮体积分数随小分子交联剂用量的变化也显示出同样的趋势。随着小分子交联剂用量的增加，体相黏度突然降低，交联程度急剧增大，颗粒沉降严重。

表 2-4　不同交联剂 NMBA 用量合成的 B-PPG 性能

参数	NMBA 用量/(10^{-3}mol)						
	0.001	0.003	0.005	0.008	0.01	0.012	0.016
体相黏度/(Pa·s)	3.24	3.16	3.21	3.18	0.124	0.131	0.128
悬浮体积分数/%	100	100	100	100	27	21	19

图 2-2 所示为当小分子交联剂用量为 0.01‰时合成所得的 B-PPG 溶液的流动曲线。可以看出，溶液黏度较低，黏度随剪切速率增大几乎不变，非牛顿指数 n 值接近于 1，接近牛顿流体，因此可以推断，小分子交联剂合成的 B-PPG 几乎完全交联，对水溶液没有明显的增黏作用，颗粒之间也没有明显的相互作用。进一步的合成研究发现，交联程度对小分子交联剂的用量很敏感，存在临界值。在小分子交联剂用量较小时，几乎不产生交联凝胶。一旦超过临界点，则立刻成为完全交联的固体凝胶，不存在一个部分交联的中间状态。因此难以通过调控小分子交联剂的用量来获得可控的黏弹性颗粒驱油剂。

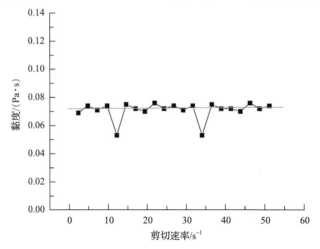

图 2-2　NMBA 用量为 0.01‰时合成 B-PPG 溶液的流动曲线

对此可以认为，当交联剂用量较少时，很难产生足够的交联结构，而当交联剂用量突破临界值以后，不溶凝胶含量对小分子交联剂依赖关系加强，由于小分子交联剂是完全水溶的小分子，在溶液中均匀分布，容易形成一种均匀交联的聚丙烯酰胺凝胶，线型和支化分子很少，其水溶液分散体系弹性模量较大，但黏性模量和黏度较小，有明显的沉降，如图 2-3 所示。

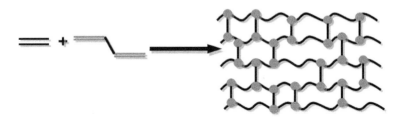

图 2-3　NMBA 交联过程示意图（文后附彩图）

以双烯类小分子为交联剂合成聚合物的交联结构的形成依赖于在聚合过程中增长的活性链打开小分子交联剂剩余双键的反应。因此交联密度对小分子交联剂用量具有明确的依赖性。即随着聚合反应的进行，小分子交联剂的剩余双键与单体双键同时被消耗，交联随转化率增加而增加，而研究发现，一旦小分子交联剂达到临界含量则完全交联瞬时发生，因此，难以获得结构可控的部分交联聚合物。在采用小分子交联剂交联与丙烯酰胺共聚合获得部分交联结构失败的情况下，为了成功获得部分交联且交联结构可控的聚丙烯酰胺，设计了由动力学控制形成黏弹性颗粒驱油剂的技术路线。

出于能够明显改变 B-PPG 聚合物溶液宏观流变性能的考虑，要求 B-PPG 交联结构非均匀程度较大。因此创新性地设计出了部分支化和部分交联的分子结构。

传统合成方法如前所述难以达到理想效果。考虑到目前成熟的聚丙烯酰胺工业生产主要是以传统的水溶液聚合为主，因此如何通过易于实现工业化生产的均相水溶液聚合获得部分支化黏弹性颗粒驱油剂成为本章研究的主要内容。

分析丙烯酰胺的水溶液聚合过程后发现，由于聚丙烯酰胺的水溶液聚合中双基终止受到自加速效应的抑制，该终止反应主要在反应初期进行。这是由于反应初期丙烯酰胺聚合活性大，体系黏度低。随着聚合反应的进行，体系黏度迅速增加，自加速效应明显。丙烯酰胺聚合中自由基终止方式以双基终止为主，双基终止过程分为三步：①链自由基质心的平移，即扩散；②链段重排，使活性中心靠近；③双基化学反应而终止。其中带活性中心的链段的扩散是双基终止的控制因素。随着聚合反应的进行，体系黏度急剧升高，链段的扩散受到阻碍，双基终止困难，链终止速率常数下降，但是这一黏度对单体的运动能力还不足以造成大的影响，不会影响单体的扩散，因此聚合反应依旧可以进行。在此基础上，考虑设计一种交联模式，其交联结构的形成依赖于双基偶合终止，随着聚合反应的进行，自加速出现，双基终止受到扩散控制，则体系黏度的增长在抑制双基终止的同时会造成对交联结构的抑制，使交联程度停止在某一个由动力学因素控制的水平上，进而获得部分交联结构的聚丙烯酰胺。结合以上分析，按照聚丙烯酰胺合成过程中黏度增大、凝胶化出现较早和凝胶传热较差而导致的绝热聚合等反应特征，设计了加入多官能度自由基聚合反应的方案，合成部分交联的聚丙烯酰胺。

交联结构依赖于双基偶合终止，而双基偶合又受到扩散控制而被体系黏度所抑制，因此自加速效应及凝胶化现象可以被利用作为一种有效的抑制手段，通过抑制双基偶合终止将支化链结构保留下来。对此提出，多官能自由基引发体系聚合合成黏弹性颗粒驱油剂的过程如图 2-4 所示。

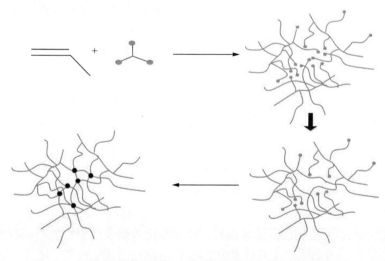

图 2-4　多官能自由基引发体系合成示意图(文后附彩图)

如图 2-4 所示，在多官能自由基引发体系中，初期由多官能自由基引发单体聚合形成初级的带多个活性中心的支化链，与双烯类单体不同，多官能自由基引发体系的活性链不是带有端双键的线型聚合物，而是带有多个活性中心的支化链分子。随着反应的进行，部分支化链发生双基偶合终止，形成交联结构。随着凝胶点的出现，体系的黏度急剧增加，带有活性端基的分子链的运动能力减小，活性链运动能力的下降直接导致双基偶合终止反应发生的概率受到抑制，而小分子单体的运动能力受到的影响较小。因此，在凝胶点以后，小分子单体的聚合反应仍不断发生，致使聚合物网络的支链长度不断增长，而交联密度增长不大。因此，可以确定在多官能自由基聚合反应中，通过结合动力学效应，完全能够有效控制并获得黏弹性颗粒驱油剂。

通过检索关于引发体系的文献、专利和实验探索，筛选了三种引发体系探索在水溶液聚合中合成黏弹性颗粒驱油剂：金属类硝酸铈铵-多元醇引发体系、KPS-多元醇类引发体系以及 KPS-NaHSO$_3$-DA 引发体系。

2.4 不同引发体系下合成条件对 B-PPG 的影响

多官能引发体系合成 B-PPG 的过程中，交联结构依赖于多官能引发剂产生的活性中心之间的双基偶合终止，因此多官能引发剂的用量对产物水溶液流变性能会产生较大的影响。

2.4.1 金属类引发体系

硝酸铈铵常用作接枝聚合反应的引发剂，可以在聚合物分子链上形成自由基活性点产生接枝反应。作为氧化剂，硝酸铈铵可以和多元醇发生氧化还原的夺氢反应，形成自由基引发乙烯基单体的聚合，如下所示：

$$Ce^{4+}+R-\overset{H_2}{\underset{}{C}}-OH \longrightarrow Ce^{3+}+R-\overset{\displaystyle \cdot}{\underset{\displaystyle H}{C}}-OH$$

当还原剂选用丙三醇时，硝酸铈铵即可在丙三醇上形成多个活性点，同时引发丙烯酰胺单体的聚合。硝酸铈铵和季戊四醇的反应曾被用于合成星形阳离子聚丙烯酰胺，但是其合成的工艺配方设计主要是为星形聚合物而制定，交联结构是其工艺调整中需要避免的，而本节的研究内容则是创新利用该引发体系获得黏弹性颗粒驱油剂。

对硝酸铈铵-丙三醇引发体系而言，单体浓度对聚合产物性能影响较为明显，因此首先研究不同单体浓度下合成的 B-PPG 水溶液的流变性能。图 2-5 为硝酸铈铵-丙三醇引发体系合成的 B-PPG 在 30000mg/L 盐水中 1%溶液的弹性模量随频率的变化曲线，可以看出，随着单体浓度的增加，B-PPG 溶液的弹性模量呈先下降后增加的趋势。单体浓度为 20%时，弹性模量达到最低值。

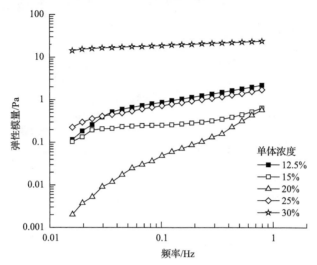

图 2-5　硝酸铈铵-丙三醇引发体系合成 B-PPG 弹性变化

图 2-6 所示为不同单体浓度合成的 B-PPG 的 30000mg/L 矿化度盐水溶液的流动曲线。可以看出，与弹性模量的趋势相反，随着单体浓度的增加，B-PPG 溶液的黏度呈现先增加后降低的趋势，当单体浓度为 20%时，黏度值最高。聚合物的流动曲线可以用幂律方程拟合：

$$\eta_a = K\dot{\gamma}^n / \dot{\gamma} = K\dot{\gamma}^{n-1} \tag{2-7}$$

式中，K 为稠度系数，K 值越大表明试样的增黏能力越强；n 为流动指数，牛顿流体的 n 值为 1，即表观黏度随剪切速率不变。n 值越偏离 1 则表明溶液的非牛顿性越强，在该体系中可以代表线型及支化分子的含量及缠结程度的高低。为了分析随着单体浓度的增加，B-PPG 溶液的模量和黏度变化的规律，对不同单体浓度下合成所得的 B-PPG 溶液的流动曲线进行了幂律方程拟合，图 2-7 所示为当单体浓度为 20%时 B-PPG 溶液的流动曲线的幂律方程拟合；拟合数据如表 2-5 所示。

由表 2-5 可以看出，在硝酸铈铵体系中，随着聚合单体浓度的增加，K 值先增加后降低，而 n 值先下降后增加。这表明随着单体浓度增加，聚合物的增黏能力增强，当单体浓度超过 20%时，进一步增加单体浓度，增黏能力下降。B-PPG 溶液随着合成中单体浓度增加，非牛顿性明显增加，当单体浓度大于 20%以后，进一步增加单体浓度，非牛顿性减小。

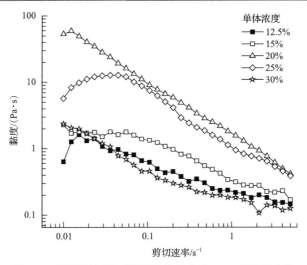

图 2-6　硝酸铈铵-丙三醇引发体系合成 B-PPG 黏度变化

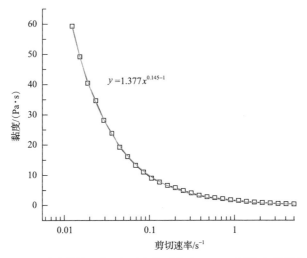

图 2-7　硝酸铈铵-丙三醇引发体系合成 B-PPG 幂律方程拟合

表 2-5　硝酸铈铵-丙三醇引发体系合成 B-PPG 拟合数据

单体浓度/%	$K/(\mathrm{Pa \cdot s}^n)$	n
12.5	0.207	0.518
15	0.387	0.466
20	1.377	0.145
25	1.040	0.148
30	1.032	0.562

　　分析以上现象，可以推测在单体浓度较低的范围，随着单体浓度的增加，聚合反应中的线型及支化分子链长度增加，增加了溶液中的链缠结，导致溶液更偏

向非牛顿流体；而当单体浓度超过 20%后，由于聚合反应中的热效应较大，增加单体浓度导致分子间副反应严重，交联网络增大。因此，B-PPG 溶液成为一种交联的聚合物凝胶的分散体系，交联颗粒上的支化分子减少，颗粒间的链缠结减少，因此溶液又转而倾向于牛顿流体，增黏能力也相应下降。

单体浓度对模量的影响主要是由部分交联结构的形成机理造成的。当单体浓度较低时，由于链转移、自由基浓度等的影响，交联网络的交联密度较低，合成聚合物包含的线型分子的含量较高，溶液的弹性主要由线型聚合物分子链的缠结造成，链缠结较少，弹性下降。当单体浓度大于 20%后，交联网络大量形成，因此随着单体浓度的进一步增加，溶液的弹性模量明显上升。

表 2-6 列出了在硝酸铈铵体系中，不同单体浓度下合成样品的体相黏度和悬浮体积分数。同样可以看出，单体浓度在 25%以下时，B-PPG 溶液中颗粒沉降不明显，悬浮性能较好，而当单体浓度为 30%时，悬浮性明显变差，沉降明显。单体浓度为 15%~30%时，溶液体相黏度也呈现和表观黏度相同的变化趋势。

表 2-6　不同单体浓度下合成样品的体相黏度和悬浮体积分数

单体浓度/%	体相黏度/(Pa·s)	悬浮体积分数/%
12.5	0.875	100
15	0.355	100
20	0.376	100
25	0.912	100
30	0.141	47

图 2-8 所示为硝酸铈铵-丙三醇为引发剂，在不同引发剂浓度下，合成出的

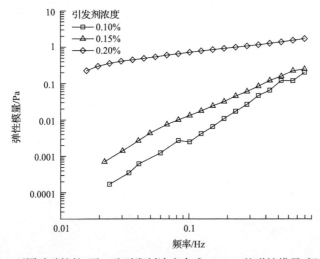

图 2-8　不同硝酸铈铵-丙三醇引发剂浓度合成 B-PPG 的弹性模量-频率曲线

B-PPG 溶液的弹性模量-频率曲线。引发剂用量的增加会导致支链数目增加，形成的交联点增多，交联程度增加，长链支化结构减少，因此弹性模量增加，同时，表 2-7 中所示的表观黏度和悬浮体积分数也明显降低。

表 2-7　不同引发剂浓度下合成样品的表观黏度和悬浮体积分数

引发剂浓度/%	表观黏度/(Pa·s)	悬浮体积分数/%
0.10	0.912	100
0.15	0.255	43
0.20	0.178	38

2.4.2　KPS-多元醇类引发体系

虽然硝酸铈铵和多元醇引发体系合成获得的样品性能达到预期的效果，但铈为重金属，毒性较大，环境污染大，因此，研究中以过氧化物代替硝酸铈铵对复合多元醇引发体系进行改进。实验发现，KPS 也可以产生与硝酸铈铵类似的作用，在多元醇上形成多官能引发活性点。KPS-多元醇体系引发活性较其余两个引发体系低，因此除引发剂用量外，还研究了反应温度对聚合产物水溶液流变性能的影响。

如图 2-9、图 2-10 所示为 KPS-丙三醇体系引发合成的 B-PPG 的 30000mg/L 矿化度盐水的 1%溶液的流变性能曲线。可以发现，随着丙三醇浓度增加，弹性模量和黏度均出现先增加后降低的转折点，与表 2-8 所示的表观黏度变化相同。这是由于初期丙三醇的浓度增加，支化活性点增加，增加了产物的交联网络结构，但是醇类的链转移性随着丙三醇浓度的增加而变得明显，影响了产物中线型聚合

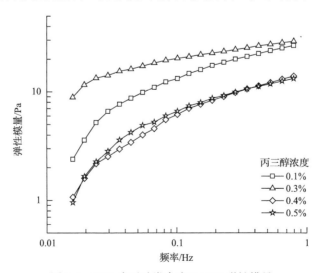

图 2-9　KPS-多元醇类合成 B-PPG 弹性模量

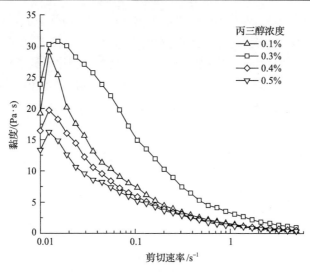

图 2-10   KPS-多元醇类合成 B-PPG 黏度

表 2-8   丙三醇浓度对 B-PPG 悬浮液表观黏度和悬浮体积分数的影响

丙三醇浓度/%	表观黏度/(Pa·s)	悬浮体积分数/%
0.1	0.269	100
0.3	0.776	95
0.4	0.145	100
0.5	0.167	100

物分子量的增长及网络的形成。因此,当丙三醇浓度过高时,黏度和弹性模量均下降。当丙三醇浓度为 0.3%时,得到聚合物的模量和黏度值均达到最大。从表 2-9 对溶液流动曲线幂律方程拟合的参数中也可以看出,丙三醇浓度在 0.3%时,聚合物的增稠能力最强,聚合物偏向牛顿流体,证明其交联网络较强,而分子间缠结较少。同时可以发现,KPS-丙三醇体系获得的产物的悬浮性能较好,几乎不产生沉降。

表 2-9   丙三醇浓度对 B-PPG 悬浮液流动曲线幂律方程拟合参数影响

丙三醇浓度/%	$K/(Pa·s^n)$	n
0.1	1.459	0.325
0.3	5.110	0.554
0.4	1.446	0.451
0.5	1.405	0.41

反应温度对产物的结构与性能有较大的影响。图 2-11 和图 2-12 所示为不同引发温度下 KPS-丙三醇引发体系合成获得的 B-PPG 溶液在 30000mg/L 矿化度盐水中,丙三醇浓度为 1%以下的流变性能曲线。可以明显看出,高温下聚合获得的 B-PPG 的性能远低于低温反应的产物。这是由于对该引发体系,高温下 KPS 可以单独引发

聚合反应，获得线型聚合物；同时高温反应不利于聚合物分子量的增加。由于多官能自由基引发体系中，交联结构的形成依赖于偶合终止，高温反应下，热效应会进一步加剧反应，致使自加速效应提前到来，而迅速的凝胶化不利于交联网络的形成。因此高温聚合的产物交联结构较少，弹性模量和黏度均较小。但是该引发体系活性较低，在低于20℃时，引发反应不稳定，因此，初始引发温度不应低于20℃。

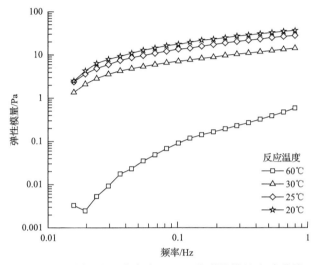

图 2-11　不同引发温度合成 B-PPG 的弹性模量-频率曲线

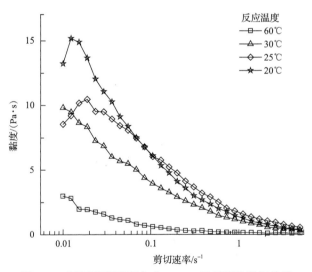

图 2-12　不同引发温度合成 B-PPG 悬浮液的黏切曲线

2.4.3　KPS-NaHSO₃-DA 引发体系

DA 是一种带有可聚合双键的活性单体。已有的研究中，DA 的主要作用是在聚合物链中引入支化结构或者季铵盐结构。例如，采用 DA 作为季铵盐单体的前驱体，合成了带有阳离子基团季铵盐和阴离子基团羧基或磺酸基的两性聚合物，在接枝丙烯酸酯到羟丙基纤维素的工作中，可利用 DA 提高支化活性点。迄今为止，尚无文献报道直接通过 DA 来形成丙烯酰胺聚合过程中的交联结构。该引发体系中交联结构的形成和氧化还原反应的进行均依赖于功能性单体 DA，因此对不同 DA 浓度下合成的 B-PPG 的水溶液的流变性能进行了研究。

　　采用 DA 作为多官能团单体进行交联反应，首先关心的是 DA 浓度的影响。如图 2-13 和图 2-14 所示，不同 DA 浓度时合成所得的 B-PPG 的 30000mg/L 矿化度

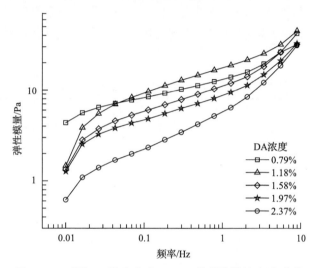

图 2-13　不同 DA 浓度合成 B-PPG 的弹性模量-频率曲线

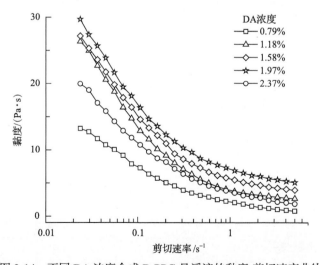

图 2-14　不同 DA 浓度合成 B-PPG 悬浮液的黏度-剪切速率曲线

盐水中，1%溶液的流变性能曲线。可以发现，随着 DA 的增加，溶液的弹性模量和黏度均呈现先增加后降低的趋势。在 DA 浓度较低时，增加 DA 浓度可以增加活性支化点的浓度，进而增加交联结构，然而，当 DA 浓度达到一定值时，进一步增加 DA 的浓度并没有形成交联程度更高甚至是完全交联的凝胶，反而模量下降，交联程度降低，本书的后面章节中对这个有趣的反常现象进行深入的研究。

表 2-10 和表 2-11 为随 DA 浓度增加获得的 B-PPG 溶液的流动曲线的幂律方程拟合参数和表观黏度及悬浮体积分数数据。从表 2-10 和表 2-11 可见，稠度系数 K、n 值和表观黏度也与流变参数变化的规律相同。与金属类引发体系和多元醇类引发体系相比，DA 引发体系得到的聚合物的稠度系数要大得多，表明体系的增黏能力优异。

表 2-10 DA 浓度对 B-PPG 悬浮液流动曲线幂律方程拟合参数影响

DA 浓度/%	$K/(\text{Pa} \cdot \text{s}^n)$	n
0.79	2.31	0.515
1.18	4.170	0.526
1.58	5.697	0.578
1.97	7.009	0.616
2.31	3.796	0.548

表 2-11 DA 浓度对 B-PPG 悬浮液表观黏度和悬浮体积分数的影响

DA 浓度/%	表观黏度/(Pa·s)	悬浮体积分数/%
0.79	0.879	87
1.18	1.02	90
1.58	1.36	95
1.97	1.8	100
2.31	1.45	100

2.5 三种 B-PPG 引发体系的比较

通过对以上三类引发体系分别进行合成工艺优化，筛选获得了各引发体系下性能最佳的样品。

2.5.1 金属类引发体系

金属类引发体系合成所得最佳样品的流变性能如图 2-15 和图 2-16 所示。1%

的 B-PPG 溶液不产生明显的沉降。0.1Hz 时，弹性模量 G' 达 12Pa 左右，剪切速率 $1s^{-1}$ 时的黏度达 $3.82Pa \cdot s$。

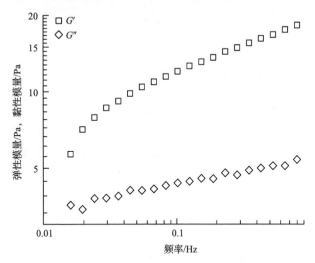

图 2-15　金属引发体系合成 B-PPG 悬浮液的弹性模量-频率、黏性模量-频率曲线

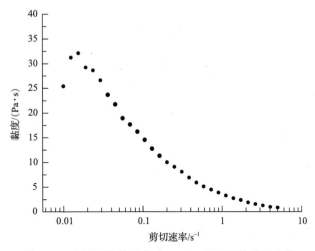

图 2-16　金属引发体系合成 B-PPG 悬浮液的黏切曲线

2.5.2　KPS-多元醇类引发体系

KPS-多元醇类引发体系合成所得最佳样品的流变性能如图 2-17 和图 2-18 所示。1%的 B-PPG 溶液体相黏度不产生明显的沉降。0.1Hz 时，弹性模量达 13.4Pa 左右，剪切速率 $1s^{-1}$ 时的黏度达 $3.52Pa \cdot s$。

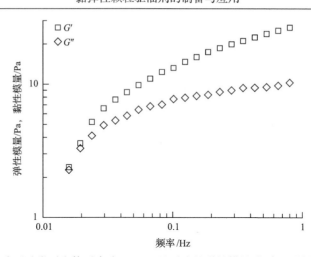

图 2-17 KPS-多元醇类引发体系合成 B-PPG 悬浮液的弹性模量-频率、黏性模量-频率曲线

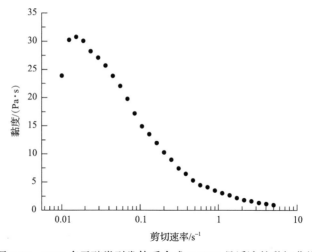

图 2-18 KPS-多元醇类引发体系合成 B-PPG 悬浮液的黏切曲线

2.5.3 KPS-NaHSO₃-DA 引发体系

DA 引发体系合成所得最佳样品的流变性能如图 2-19 和图 2-20 所示。1%的 B-PPG 溶液体不产生明显的沉降。0.1Hz 时，弹性模量达 13.8Pa 左右，剪切速率 $1s^{-1}$ 时的黏度达 5.52Pa·s。

2.5.4 多官能引发体系合成样品的水溶液的性能比较

表 2-12 所示为三个多官能自由基引发体系优化后合成所得的 B-PPG 最佳样品及传统氧化还原引发体系下由小分子交联剂交联的聚丙烯酰胺凝胶的性能参数。可以明显看出，与小分子交联剂交联的聚丙烯酰胺凝胶相比，由多官能自由

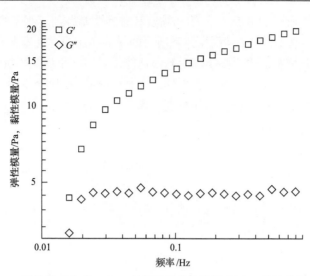

图 2-19　DA 引发体系合成 B-PPG 悬浮液的弹性模量-频率、黏性模量-频率曲线

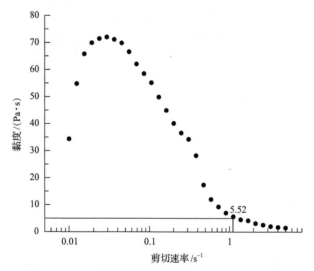

图 2-20　DA 引发体系合成 B-PPG 悬浮液的黏切曲线

表 2-12　不同引发体系合成 B-PPG 悬浮液性能对比

引发体系	弹性模量/Pa	表观黏度（1s⁻¹）/(Pa·s)	悬浮体积分数/%	体相黏度/(Pa·s)	K/(Pa·s^n)	n
金属⁺	12	3.82	100	0.912	1.040	0.148
KPS-NaHSO₃-DA	13.8	5.52	100	1.8	7.009	0.616
KPS-多元醇	13.4	3.52	95	0.776	5.110	0.554

基引发体系合成所得的 B-PPG 的体相黏度和悬浮性能得到了明显的提升。三个多官能自由基引发体系中，DA 引发体系所得的最佳样品的弹性模量和黏度均最大，稠度系数最高，增黏能力最强，同时悬浮性能优异，几乎不产生沉降。

比较由上述三个引发体系合成得到的代表性样品的溶液性能可知，由 DA 引发体系获得的样品性能最佳，体相黏度、弹性模量等均为最大。

第3章 B-PPG 聚合反应动力学研究

3.1 引　言

对于化学反应，研究者普遍关心的问题是该反应的反应速率与受限程度，以及该反应速率和受限程度对产物结构和性能产生的影响，这就涉及化学反应动力学和热力学的问题。化学反应热力学是指利用热力学第一定律来解决化学反应中能量变化，即化学反应的热效应。它主要从能量转化的角度来研究反应，揭示了能量从一种形式转换为另一种形式时遵从的宏观规律。化学反应热力学是通过总结物质的宏观现象而得到的热力学理论，并不涉及物质的微观结构和微观粒子之间的相互作用，因此它是一种唯象学的宏观理论，具有广泛的普遍性。从热力学的基本原理出发，可以获知该化学反应的能量变化、方向和限度，从而预测化学反应的可能性，为设计反应路线提供理论支持。而要全面了解一个化学反应，除了必须了解化学反应的可能性问题，还必须了解该化学变化的可行性问题，即引入时间变量，探究反应速率和反应机理；研究化学反应的速率、反应历程以及外界条件对反应速率的影响问题，这就是化学动力学研究的主要内容。

事实上，一个化学反应的平衡问题和速率问题是互相关联的，从理论上讲可以从反应速率导出化学平衡，但反过来不能从化学平衡导出反应速率，因此化学反应动力学比化学反应热力学更为基础。但遗憾的是化学反应动力学的发展还远远不及化学反应热力学，目前化学反应热力学已能比较精确地告诉人们关于化学反应的方向和限度，而化学反应动力学却只能相当粗略地告诉人们关于化学反应的速率和机理。

通常情况下，可以选择一定的条件控制某一反应为主要反应，如选择不同的反应物配比、温度、压力、溶剂、催化剂等，这些条件的选择都会促使某一反应达到动力控制或热力学控制。热力学控制又称平衡控制，是利用反应达到平衡来控制产物组成的比例，使具有稳定结构的物质成为主要产物的反应。而利用快速反应来控制产物比例或者产物结构的反应，称为动力学控制，又称速度控制。

对于某已知反应，如果反应过程中所释放(或吸收)的热量能够及时逸散(或供给)，理想情况下，反应体系始将终态处于相同的温度，该反应称为等温反应；如果热量来不及逸散(或供给)，则体系的温度就要发生变化，始终态的温度将不相同，称为非等温反应。绝热反应是非等温反应的一种极端情况，热量完全不能逸散（或供给），反应完全在绝热情况下进行。而实际的反应过程不可能是完全绝热的，只能做近似处理。某些化学反应由于进行得极为迅速，可以认为在反应过程中释放的热量来不及传递给环境，于是反应可以近似视为在绝热条件下进行，反应释放的热量全部用于升高系统的温度。例如，燃烧、爆炸反应，由于反应速率极快，体系来不及与环境发生热交换，可以近似作为绝热反应进行处理，以求出火焰和爆炸产物的最高温度。

由于丙烯酰胺聚合过程放出大量热，体系黏度变化明显，凝胶点出现较早，且反应凝胶效应剧烈，大约 30℃ 之后体系基本呈类固态凝胶状，而凝胶导热系数很小导致反应热难以散出，且反应开始后体系被隔热材料包裹，因此 B-PPG 的聚合可以近似看作绝热聚合。

B-PPG 的制备采用水溶液自由基聚合，通过多官能单体与引发剂复合使用，生成自由基，形成支化结构并通过进一步的双基偶合终止形成部分交联。由于自由基聚合反应产生自加速效应，双基偶合终止受带有活性链端的聚合物链的扩散控制。随着反应的进行，聚合体系黏度迅速升高，动力学因素使双基终止被抑制而形成大量的支化结构。因此，凝胶效应的快速产生有利于支化结构的生成，而凝胶效应缓慢出现则有利于交联结构的形成，因此 B-PPG 的合成反应是典型的由动力学控制的反应。因此研究动力学因素对 B-PPG 聚合过程的影响，有助于理解部分交联部分支化结构的形成机理，指导我们通过调节动力学控制条件，实现对 B-PPG 产物结构和性能的能动调节。

本章通过控制影响因素，调节反应动力学条件，改变 B-PPG 的结构和性能，并采用绝热升温法，研究 B-PPG 聚合反应动力学。

3.2　实　验　部　分

3.2.1　凝胶含量测试

称取一定质量（1g 左右）的 100～150 目 B-PPG，记其质量为 m_1，在磁力搅拌下缓慢加入 200mL 蒸馏水中，搅拌速度设为 500r/min，搅拌时间为 10～15min。然后将配制好的悬浮液倒入 1000mL 的量筒中并加水至 1000mL。放置一段时间后，会发现该悬浮液出现固液分界面，如图 3-1 所示。为保证 B-PPG 完全均匀溶胀，每 0.5h 用长玻璃棒搅拌该悬浮液，5h 后缓慢将溶液部分倒掉，至分界面 5cm 处。然后将量筒再次加水至 1000mL，重复以上步骤。清洗 3 次后，将不溶凝胶在 80℃ 下烘干 6h，称其质量，记为 m_2。则该 B-PPG 的凝胶含量可通过式（3-1）计算求出：

$$C_g = \frac{m_2}{m_1} \times 100\%$$ (3-1)

式中，C_g 为凝胶浓度，%。

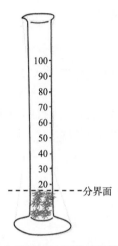

图 3-1　凝胶含量测试示意图（刻度值单位为 mL）

3.2.2　绝热温升法

绝热反应聚合动力学的研究原理需要基于以下四个假设。

(1) 单体和聚合物具有相同的比热容。

(2) 整个反应体系初期具有良好的流动性。

(3) 反应过程中无蒸发作用。

(4) 反应转化率接近 100%。

对于绝热反应来说，化学反应放出的热量全部用于反应体系温度的升高，假设没有其他非化学反应放热，也没有热量损失。则

$$Q_{放热} = Q_{吸热}$$ (3-2)

$$Q_{放热} = -\Delta H_r \frac{dC_A}{dt}$$ (3-3)

$$Q_{吸热} = \rho C_p \frac{dT}{dt}$$ (3-4)

式中，$Q_{放热}$ 为化学反应体系放出的总热量，kJ/mol；$Q_{吸热}$ 为反应体系吸收的总热量，kJ/mol；ΔH_r 为化学反应聚合热，kJ/mol；C_A 为丙烯酰胺的摩尔浓度，mol/L；t 为反应时间，s；C_p 为反应物料的热容，kJ/(g·K)；ρ 为体系密度，g/L。

由式(3-2)～式(3-4)可推导出:

$$-\Delta H_r \frac{dC_A}{dt} = \rho C_p \frac{dT}{dt} \tag{3-5}$$

对式(3-5)积分,设定积分边界条件为:化学反应起始时刻 $t=0$, $C_A = C_{A_0}$; t 时刻 $C_A = C_{A_t}$,则:

$$T_t - T_0 = \frac{\Delta H}{\rho C_p}(C_{A_0} - C_{A_t}) \tag{3-6}$$

对反应过程中的温升曲线按式(3-7)进行归一化处理:

$$T_{Nt} = \frac{|T_t - T_0|}{|T_{fin} - T_0|} \tag{3-7}$$

式中, T_{Nt} 为 t 时刻的相对温度; T_0 为反应的起始温度,K; T_t 为 t 时刻反应体系的温度,K; T_{fin} 为反应终点的温度,K。

根据式(3-6)和式(3-7),可以推出:

$$T_{Nt} = \frac{|T_t - T_0|}{|T_{fin} - T_0|} = \frac{|C_{A_0} - C_{A_t}|}{|C_{A_{fin}} - C_{A_t}|} = C_{A_t} \tag{3-8}$$

式中, $C_{A_{fin}}$ 为反应结束时浓度,mol/L; C_{A_t} 为 t 时刻的转化率,%。

式(3-8)对时间求导可得 t 时刻的反应速率:

$$\frac{dT_{Nt}}{dt} = \frac{dC_{A_t}}{dt} = RP_t \tag{3-9}$$

这种根据绝热反应温升变化求聚合速率的研究方法,称为"绝热温升法",这种方法简单易实施,是监测化学反应、研究化学反应机理的有效方法之一。

3.3　引发温度控制的动力学反应

根据高分子化学的基本原理可知,对于自由基聚合来说,初始温度高,引发剂分解速率快,短时间内产生大量自由基,反应速率加快,会促进凝胶化效应提早到来;同时温度过高,链转移反应同时加剧,导致线型聚合物的分子量下降。因此,对于确定的聚合反应,应综合评价反应速率和产物分子量的关系,选择最佳反应温度。

图 3-2 和图 3-3 分别为不同引发温度下 B-PPG 聚合反应温升曲线和转化率曲

线，可以看出，随着引发温度的升高，反应速率加快，且聚合反应的最高温度也增大。从反应速率曲线(图 3-4)可以发现，随引发温度升高，反应过程中最大的聚合速率依次增大，反应所需时间相应减小。表 3-1 为产品性能测试结果，可以看出，随着引发温度增加，产品黏度存在极大值，而弹性模量和凝胶含量减小。这是因为在高温条件下，自由基分解速率快，初始反应速率增加，导致凝胶化效应出现较早且反应剧烈，自由基双基偶合终止形成交联的概率降低，因此模量和凝胶含量较低。同时，温度升高也会导致副反应加剧，链转移严重，因此 B-PPG 支链的线型分子量下降，黏度降低。根据表 3-1 数据，综合考虑反应速率和产品性能，选择 12℃作为 B-PPG 反应的引发温度。

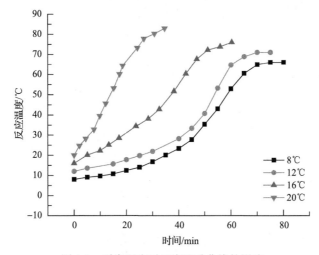

图 3-2　引发温度对反应温升曲线的影响

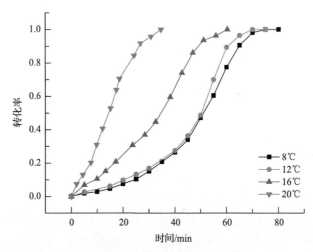

图 3-3　引发温度对反应转化率的影响

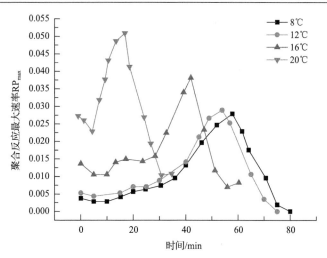

图 3-4　引发温度对聚合反应最大速率的影响

表 3-1　不同引发温度合成 B-PPG 悬浮液性能

引发温度/℃	弹性模量/Pa	黏度/(mPa·s)	凝胶含量/%
8	5.32	89.2	47
12	4.57	190.3	39
16	1.25	165.2	30
20	0.67	120.0	26

3.4　敞开体系温度控制的动力学反应

从以上研究可知引发温度可以直接控制 B-PPG 聚合的动力学过程。为了更加直观研究温度对 B-PPG 聚合反应的影响，在聚合反应刚开始时，改变外界温度，即反应体系刚具有黏度时，将三颈瓶迅速放入不同温度的水浴中，使反应在不同的敞开体系温度下反应，与环境产生热交换。研究结果表明，强制改变外界温度，对 B-PPG 的聚合过程产生明显影响。

图 3-5 与图 3-6 分别为引发反应开始后在不同的外界温度下的反应温升曲线与转化率。随敞开体系温度升高，反应速率明显加快，反应时间缩短，且反应温度也呈递增趋势，在冰水 0℃环境下，反应温升只有 13℃，而 60℃环境下，反应温升达 72.5℃。从图 3-7 反应速率曲线上可以看到，温度升高，聚合反应最大速率也升高，60℃条件下聚合反应最大速率约为 0℃条件下的 3 倍。从表 3-2 数据也可以看出，随着外界温度的升高，样品弹性模量降低而黏度呈增加趋势；0℃条件下合成样品弹性模量达到 17.57Pa，黏度为 36.95mPa·s，性能接近全交联凝胶，这是由于交联密度过大。

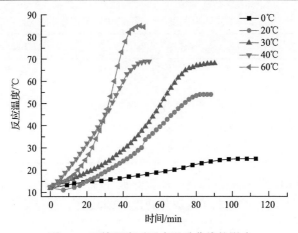

图 3-5　环境温度对反应温升曲线的影响

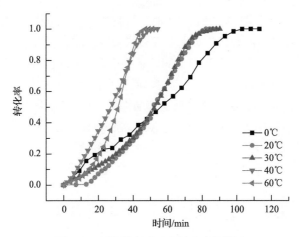

图 3-6　环境温度对反应转化率的影响

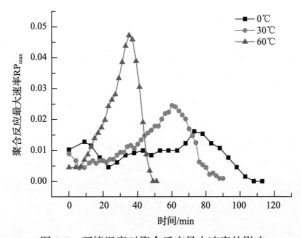

图 3-7　环境温度对聚合反应最大速率的影响

表 3-2　不同环境温度下合成 B-PPG 悬浮液的性能

环境温度/℃	弹性模量/Pa	黏度/(mPa·s)
0	17.57	36.95
20	8.563	85.13
30	8.637	94.35
40	4.768	155.8
60	2.203	203.4

　　据此可以推断，在低温条件下，反应热被环境迅速传递，热量得不到累积，大大延缓凝胶化时间，并减弱了凝胶化速度，即减慢了聚合反应速率，却增加了凝胶点前双基偶合终止形成交联点的时间。因此在该条件下反应，产品交联密度大，凝胶含量增加，得到的弹性模量较大；同时由于交联密度过大，支化链结构及线型聚合物含量减少，导致黏度较低。相反地，高温条件下，凝胶点提前到来，双基偶合终止形成交联点的时间较短，因此产品交联程度较弱，弹性模量较低。

　　此外图 3-5 显示，在反应初期，40℃条件下反应比 60℃条件下反应快，推测是由于在 60℃温度较高条件下，反应初期活性自由基运动更剧烈，终止概率和链转移的概率也相应增加，因此会出现反应初期温升较 40℃慢的异常现象。

　　除了通过控制引发温度和敞开体系温度两种方法控制动力学过程而外，也可以通过改变引发剂浓度、引发剂配比、使用缓聚剂或不良溶剂、改变多官能单体浓度等措施间接控制 B-PPG 反应动力学，从而达到控制产品结构和性能的目的。

3.5　引发剂浓度控制的动力学反应

　　以上研究证实，合成 B-PPG 的反应在很大程度上受动力学控制，反应速率对于分子交联和支化链的比例有很大的影响。

　　图 3-8～图 3-10 分别为不同引发剂浓度条件下的温升曲线、转化率及聚合反应最大速率曲线。从图中可以看出，随着引发剂浓度减少，聚合反应升温速率降低，反应速率减慢。从图 3-10 可以看出，随引发剂浓度增加，最大反应速率增加，但引发剂浓度为 0.035%时最大反应速率低于引发剂浓度为 0.0175%时的最大反应速率。引发剂浓度过大，导致活性自由基数目过多，链终止的概率增加，因此最大反应速率有略微下降的趋势，这也说明引发剂存在最佳浓度。

　　图 3-11 为引发剂浓度与所得 B-PPG 样品悬浮液的弹性模量变化关系，可以看出，随着引发剂浓度增加，合成得到的样品悬浮液的弹性模量下降，这是由于引发剂浓度增加，聚合反应速率增加导致凝胶化效应加快，双基偶合终止概率减小，B-PPG 交联程度降低。

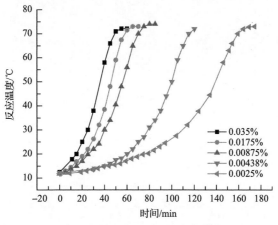

图 3-8　引发剂浓度对反应温升曲线的影响

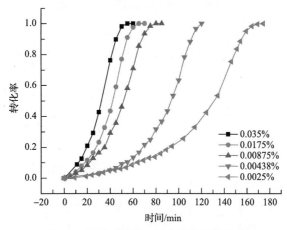

图 3-9　引发剂浓度对反应转化率的影响

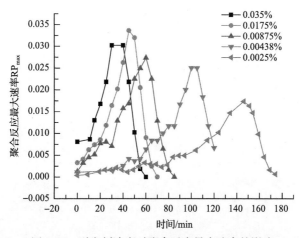

图 3-10　引发剂浓度对聚合反应最大速率的影响

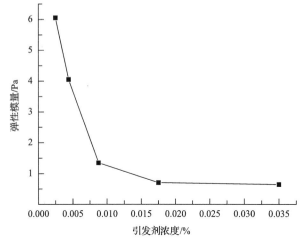

图 3-11　引发剂浓度对合成的 B-PPG 弹性模量的影响

3.6　引发剂配比控制的动力学反应

还原剂 NaHSO₃加入反应体系后，与 KPS 构成氧化还原引发体系，通过电子转移发生如下氧化还原反应：

$$S_2O_8^{2-} + HSO_3^- \longrightarrow SO_4^{2-} + SO_4^{-} + HSO_3^{\cdot} \tag{3-10}$$

因此降低引发反应的活化能，使其能在较低温度下有效地产生自由基，引发聚合，提高聚合速率。

图 3-12 和图 3-13 分别为不同氧化还原剂配比条件下，反应转化率曲线与最大聚合率曲线。可以看出，NaHSO₃用量增加，明显加快了聚合速率且缩短了凝

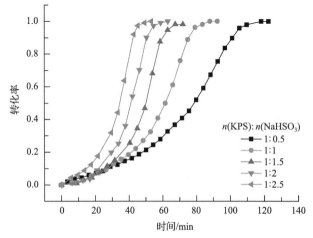

图 3-12　引发剂配比对反应转化率的影响

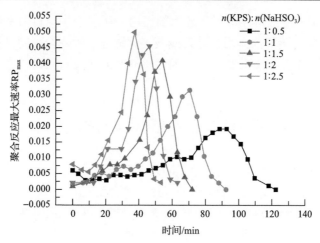

图 3-13　引发剂配比对聚合反应最大速率的影响

胶化的时间；$n(\text{KPS}):n(\text{NaHSO}_3)$ 从 1:0.5 到 1:2.5，聚合反应最大速率增大为原来的 2.6 倍。

表 3-3 所示为不同 $n(\text{KPS}):n(\text{NaHSO}_3)$ 下合成 B-PPG 样品的流变性能，可以看出，当 $n(\text{KPS}):n(\text{NaHSO}_3)$ 小于 1:1.5 时，NaHSO_3 只起到还原剂的作用，随着 NaHSO_3 用量增加，产品弹性模量下降而黏度增加。这是因为 NaHSO_3 增加，可以增加自由基数目，导致凝胶效应提前产生，可供双基偶合终止形成交联的时间减短，大量自由基被体系的凝胶化状态冻结，只能增长线型支化链，因此交联程度变低而黏度增加。

表 3-3　不同引发剂配比合成 B-PPG 悬浮液的性能

$n(\text{KPS}):n(\text{NaHSO}_3)$	弹性模量/Pa	黏度/(mPa·s)
1:0.5	5.26	90.30
1:1	4.99	110.44
1:1.5	4.32	136.78
1:2	2.15	73.20
1:2.5	2.20	70.88

有研究表明，在水溶液自由基聚合中，过量的 NaHSO_3 会起到链转移的作用，KPS 与 NaHSO_3 反应后，硫酸根离子自由基和亚硫酸氢根离子两者间可能发生如下的链转移反应：

$$\text{SO}_4^{-\cdot} + \text{HSO}_3^- \longrightarrow \text{SO}_4^{2-} + \text{HSO}_3^{\cdot} \tag{3-11}$$

$$2\text{HSO}_3^{\cdot} \longrightarrow \text{H}_2\text{S}_2\text{O}_6 \tag{3-12}$$

因此，NaHSO$_3$ 过量，不仅起还原剂作用，还进一步与自由基反应，使其活性消失，或起到链转移剂作用，导致线型支化链分子量降低，同时链转移作用也会抑制双基偶合终止形成交联结构，因此 NaHSO$_3$ 用量过大时，产品模量和黏度均明显降低。

3.7　缓聚剂控制的动力学反应

由于合成 B-PPG 的反应是一个受动力学控制的反应，反应速率对分子交联和支化链的比例有很大的影响。为了进一步提高聚合反应的可控性和样品性能的可调整性，考虑使用缓聚剂调节反应速率。缓聚剂是指能迅速与自由基作用，生成活性较低的自由基，减慢或抑制聚合反应的物质。通过对大量的具有缓聚效应的化合物的筛选，发现采用脂肪酸盐，多元醇等可有效减慢聚合反应速率，增加交联程度，以此获得以动力学调控 B-PPG 分子结构的有效方法。本节采用一缩二乙二醇（DEG）作为缓聚剂，通过改变其用量，调节凝胶化速率，从而控制反应动力学。

图 3-14～图 3-16 所示为不同 DEG 用量下 B-PPG 聚合升温过程、转化率以及最大聚合速率曲线。随着 DEG 用量增加，聚合反应速率变慢，凝胶化效应延缓，反应温升略有降低且最大反应速率呈下降趋势。结合表 3-4 产物性能，可以推断，当 $n(\text{DEG}):n(\text{AM})$ 小于 5.917% 时，随着 DEG 用量增加，聚合反应速率逐渐下降，凝胶化效应延迟，活性自由基双基偶合终止形成交联结构的时间增加，导致弹性模量增加，这是由于 DEG 上双羟基的存在，会对自由基产生一定的链转移作用，导致产品的黏度随着 DEG 用量的增加而降低。当 DEG 用量过大时，

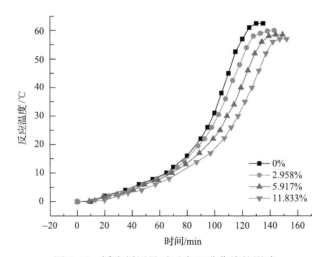

图 3-14　缓聚剂用量对反应温升曲线的影响

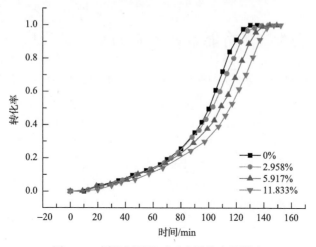

图 3-15　缓聚剂用量对反应转化率的影响

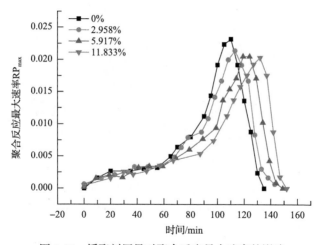

图 3-16　缓聚剂用量对聚合反应最大速率的影响

表 3-4　不同缓聚剂用量合成 B-PPG 悬浮液的性能

$n(\text{DEG}):n(\text{AM})/\%$	弹性模量/Pa	黏度/(mPa·s)
0	2.26	269.6
2.958	3.30	193.6
5.917	4.67	194.6
11.833	2.75	186.1

对自由基抑制作用过强，双基偶合终止形成交联结构的凝胶化过程也受到抑制，同时明显的链转移作用导致线型支化链分子量降低，因此产品模量和黏度均明显降低。

3.8　多官能单体控制的动力学反应

多官能单体 PA 在 B-PPG 的聚合反应中，不但可以作为还原剂与 KPS 构成氧化还原引发体系引发聚合，而且 PA 分子与 KPS 反应生成活性点数目大于 3，进而可以形成交联结构。换言之，PA 是 B-PPG 形成交联结构的关键。

图 3-17～图 3-19 所示为不同 PA 用量下 B-PPG 聚合升温过程、转化率以及最大聚合速率曲线。可以发现，随着 PA 用量增加，聚合反应速率变快，凝胶效应提前，反应温升增大且最大反应速率基本呈增加趋势，这些均可归因于 PA 作为还原剂加速凝胶效应的作用。

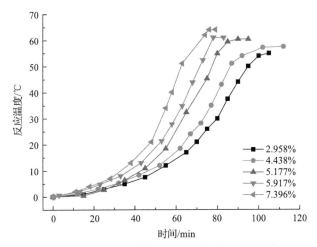

图 3-17　多官能单体用量对反应温升曲线的影响

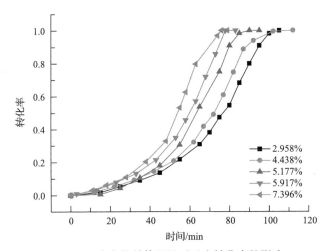

图 3-18　多官能单体用量对反应转化率的影响

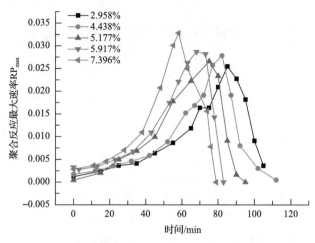

图 3-19　多官能单体用量对聚合反应最大速率的影响

　　然而从表 3-5 测试数据发现，随着 PA 用量增加，弹性模量下降而黏度增加，即 B-PPG 交联程度随 PA 用量增加而降低，这种现象与常规自由基聚合中交联程度随交联剂用量增加而增大的基本理论相悖，什么原因导致产生这种"异常"现象是一个有趣的问题。

表 3-5　不同多官能单体用量合成 B-PPG 悬浮液的性能

$n(\text{PA}):n(\text{AM})/\%$	弹性模量/Pa	黏度/(mPa·s)
2.958	10.2	129.9
4.438	5.188	216.8
5.177	4.264	288.8
5.917	2.975	326.1
7.396	2.663	330.2

　　通过之前的研究可知，对于 B-PPG 的水溶液聚合，凝胶效应的出现是该反应体系的重要转折点。30℃之前，反应体系为液态，活性自由基可以自由运动，双基偶合终止形成交联结构的过程主要在这个阶段完成；30℃之后，体系黏度迅速增大，逐渐失去流动性而成为类固态凝胶，此时大量活性自由基被"冻结"，双基偶合终止受到较大抑制，但是体系黏度的增加对小分子单体或初级自由基的运动影响较小，因此在凝胶化以后小分子可以扩散到活性链端周围继续进行链增长反应。B-PPG 的交联程度随 PA 用量增加而减小的现象是由于 PA 用量增大导致凝胶效应提前到来，大量活性自由基较早被"冻结"难以发生双基偶合终止，交联程度降低，而活性链可继续增长，导致黏度增加。

3.9 不良溶剂控制的动力学反应

聚丙烯酰胺的双水相聚合是新近发展起来的一种聚合方法，它是将水溶性单体 AM 溶解在分散介质(另一种水溶性物质)中形成均相水溶液，在一定条件下聚合，形成互不相溶的两种水溶性 PAM 分散液的聚合反应。根据 Flory-Huggins 理论，聚乙二醇(PEG)的水溶液是聚丙烯酰胺的不良溶剂，但是可以溶解单体 AM。从疏水性差异、聚合体系稳定性及水溶液黏度的角度考虑，PEG 水溶液常常作为 AM 双水相聚合的分散介质。该体系聚合前为均相溶液体系，发生相分离之后体系变为双相体系。鉴于此，将少量 PEG 加入 B-PPG 聚合体系，旨在通过 PEG 包裹活性链端基，从而抑制双基偶合终止的概率，间接调节动力学条件。

图 3-20 和图 3-21 分别为不同 PEG 浓度下 B-PPG 转化率和聚合反应最大速率

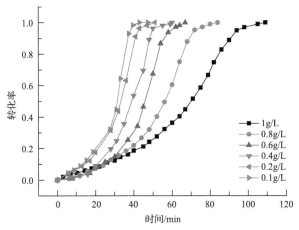

图 3-20 不良溶剂 PEG 浓度对反应转化率的影响

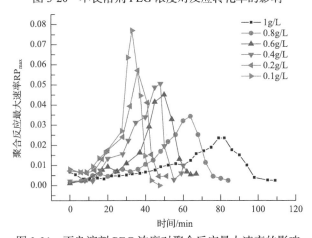

图 3-21 不良溶剂 PEG 浓度对聚合反应最大速率的影响

曲线。可以看出，随着 PEG 浓度增加，反应速率明显降低，凝胶效应也延迟发生，PEG 浓度为 0.1g/L 时的聚合反应最大速率为 1g/L 时的 3.3 倍。

产物水溶液的流变性能测试结果如表 3-6 所示，随着 PEG 增加，交联程度降低，弹性模量下降，而黏度呈现先增加后降低的趋势。当 PEG 浓度为 0.6g/L 时，B-PPG 的黏度最大，为 203.2mPa·s。结合聚合反应最大速率曲线可知，加入 PEG 的聚丙烯酰胺体系，当聚合物分子链增长到一定程度以后，PEG 是丙烯酰胺聚合物的不良溶剂，包裹大分子链的活性链端，导致双基偶合终止概率降低，因此交联程度减弱，而活性自由基的寿命被延长，有利于线型支化链分子量的增长，因此产品黏度得到提高。但是当 PEG 浓度过大时，大分子自由基的运动能力被严重限制，降低了带有活性端链的线型大分子接枝或交联的概率，因此 PEG 用量过大时，B-PPG 的黏度明显降低。

表 3-6　不同不良溶剂 PEG 浓度时合成 B-PPG 悬浮液性能

PEG 浓度/(g/L)	弹性模量/Pa	黏度/(mPa·s)
0.1	8.72	103.5
0.2	6.36	137.2
0.4	5.48	165.9
0.6	4.04	203.2
0.8	3.46	174.3
1	2.12	137.0

需要指出的是，本节研究采用的 PEG 用量均在发生相分离的临界点以下，不会形成双水相聚合过程中水包水（W/W）的状态。

3.10　B-PPG 的反应动力学研究

目前，对丙烯酰胺水溶液自由基聚合的动力学研究大都集中在低单体浓度、低转化率（5%～10%）阶段，以确保体系处于稳态且各速率常数恒定。而从经济、环保以及产品性能角度出发，丙烯酰胺在实际生产中需要采用较高的单体浓度和高转化率，以往的聚合机理和模型对实际 AM 聚合指导意义不强。且过去研究中所采用的模型物仅为线型 PAM 体系和双烯类小分子作为交联剂的完全交联凝胶体系，对于多官能引发体系双基偶合终止产生的交联体系，未见适用模型。

本节根据聚合反应过程的温升曲线绘制反应的转化率曲线，并对其进行一次微分，得到聚合反应速率曲线，如图 3-22 所示。B-PPG 的转化率-时间曲线呈典型的 S 形，其聚合过程一般都可以分为低速增长期、加速期和平稳期三个阶段。在低速增长期，体系黏度较低，大量的活性自由基可以自由运动，双基偶合终止形成的交联结构大都发生在这个阶段；随着反应的进行，体系黏度随转化率提高，活性端逐渐被"冻结"，双基终止困难，活性链寿命延长，自加速效应显著，转化率迅速增加，这个阶段为加速期；随着转化率继续升高，体系黏度剧烈增大，致使单体的活动程度受到抑制，链增长反应受到扩散控制，聚合速率降低，进入反应平稳期。

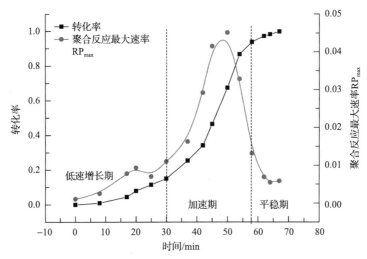

图 3-22　　B-PPG 聚合反应最大速率曲线及转化率曲线

从反应速率-时间曲线上可以看出，反应速率随聚合时间的增加逐渐增大，出现峰值之后随聚合时间逐渐减小，该峰值位于加速期，显然是凝胶效应导致聚合反应速率出现最大值 RP_{max}，且通过前面各种控制动力学反应的研究中可以发现，RP_{max} 值越大，到达反应速率最大值的时间越短，表明凝胶效应越早到来，所以 RP_{max} 可以作为 B-PPG 聚合反应凝胶效应的度量。以往自由基聚合反应机理的研究工作主要集中在凝胶效应之前的低浓度和低转化率阶段，所得理论与实际吻合度较低，对实际生产工艺条件的动力学过程几乎没有指导意义，因此本节 B-PPG 的反应动力学研究以 RP_{max} 作为反应速率，研究其与单体浓度、引发剂浓度的函数关系，并求出 B-PPG 聚合反应速率方程式。

改变单体浓度，固定其他变量，引发温度为 12℃，根据反应的转化率曲线求出各聚合反应的最大反应速率 RP_{max}，对单体浓度作图，结果如图 3-23 所示。对反应速率和单体浓度曲线进行线性拟合，得到斜率为 2.135，即 B-PPG 聚合中单体的反应级数为 2.135：

$$RP_{max} \propto [AM]^{2.135} \tag{3-13}$$

采用相同的研究方法，分别对氧化剂、还原剂和多官能单体的反应级数进行拟合，如图 3-24～图 3-26 所示，可得 KPS、$NaHSO_3$ 和 PA 的反应级数分别为 0.313、0.599 和 0.253。

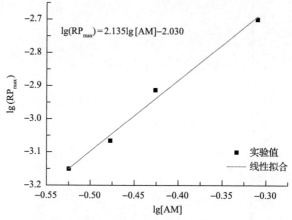

图 3-23　聚合反应最大速率与丙烯酰胺单体 AM 浓度对数关系

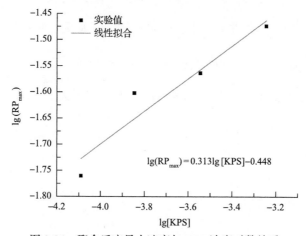

图 3-24　聚合反应最大速率与 KPS 浓度对数关系

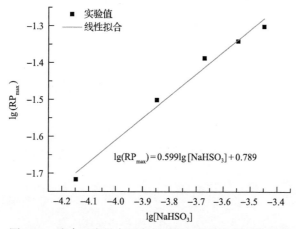

图 3-25　聚合反应最大速率与亚硫酸氢钠浓度对数关系

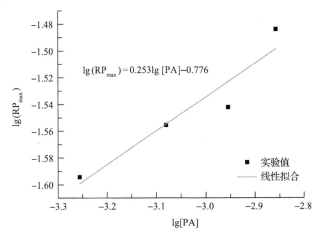

图 3-26　聚合反应最大速率与 PA 浓度对数关系

引发温度为 12℃的条件下，B-PPG 聚合体系最大反应速率方程可表示为

$$RP_{max} = m[AM]^{2.135}[KPS]^{0.313}[NaHSO_3]^{0.599}[PA]^{0.253} \qquad (3\text{-}14)$$

式中，m 为系数；[AM]、[KPS]、[NaHSO$_3$] 和 [PA] 分别为 AM、KSP、NaHSO$_3$ 和 PA 的浓度。

据此可对 B-PPG 聚合反应最大速率进行有效调节，控制反应动力学，从而实现对 B-PPG 交联与支化比率的能动控制。

第4章　B-PPG 流变学研究

4.1 引　　言

B-PPG 作为一种全新的驱油剂，具有部分交联、部分支化的分子结构，分散于盐水中形成一种非均相的聚合物悬浮体系，拥有独特的流变性能。由于颗粒的存在，B-PPG 悬浮液的流变性能与简单流体有较大的差异；而聚丙烯酰胺类物质由于有较强的增黏性，在溶液中的浓度一般不超过 2%，不会达到较高的相体积分数，同时由于 B-PPG 的吸水膨胀性，其溶胀颗粒直径远大于 0.1mm，颗粒尺寸大于常规的悬浮颗粒尺寸，导致 B-PPG 悬浮体与传统悬浮体系也有一定差异。由于部分交联部分支化的结构，B-PPG 的流变性质要比简单流体或传统悬浮体系复杂得多，对 B-PPG 悬浮体的流变性能研究既富有挑战性，又具有重要的应用价值。

如前所述，高分子材料的流变行为强烈地依赖于材料内部多层次的结构以及流动变形过程中结构和形态的变化。因此 B-PPG 材料流动与变形过程中应力和应变的响应不是一一对应的函数关系，往往需要结合宏观流变学和结构流变学研究其流变性能。B-PPG 作为一种全新的驱油剂，其在多孔介质中独特的流动过程、渗流机理和力学行为与传统聚丙烯酰胺类驱油剂有很大的不同，现有理论不能完全指导 B-PPG 的评价与应用，为此对 B-PPG 悬浮液体系进行系统的流变性能的研究势在必行。

4.2 实 验 部 分

4.2.1 稳态剪切测试

使用 TA AR 2000ex 旋转流变仪，采用 40mm 平板模式，平板间距为 1000μm。

(1) 速率扫描实验：剪切速率从 $0.01s^{-1}$ 增加至 $100s^{-1}$，测试时间 10min，测试温度为 25℃。

(2) 温度扫描实验：温度从 25℃ 增加到 85℃，剪切速率为 $7.34s^{-1}$，测试时间 5min。

4.2.2 动态振荡测试

使用 TA AR 2000ex 旋转流变仪，采用 40mm 平板模式，平板间距为 1000μm。

(1) 频率扫描实验：频率从 0.01Hz 增加至 10Hz，振动应力 0.1Pa，测试温度为 25℃。

（2）应力扫描实验：振动应力从 0.01Pa 增加到 100Pa，频率为 1Hz，测试温度为 25℃。

4.3　B-PPG 线性黏弹性

"黏弹性"一词表明在材料中黏性和弹性同时存在，广义来讲，在适当的时间尺度下，所有的实际材料都具有黏弹性。几十年来，很多学者为研究材料线性黏弹性响应付出了大量努力。这可归因为，从材料的线性黏弹性响应出发可以获得微观分子结构的信息。在工业产品的质量控制方面，有相应实验测定的材料参数和材料函数已证明是有效的。线性黏弹性是研究复杂的非线性黏弹性的基础。

如前所述，线性黏弹性一般采用动态实验在小振幅剪切测试条件下测得。在进行线性黏弹性测试前，为了不破坏体系的结构，须进行振荡剪切应力扫描来确定体系的线性黏弹性区域。确定材料的线性黏弹行为有两种基本方法：静态法和动态法。静态实验为在阶跃应力（或应变）负荷下，观察应变（或应力）随时间的变化。动态实验则采用振荡的应变研究应力随时间的变化。随着高精度流变仪的迅速发展，动态振荡法测试黏弹性行为的使用日益增多，测试条件更加精确。本节即采用动态应力扫描测试确定线性黏弹区。

图 4-1 为不同浓度的 B-PPG 悬浮液应力扫描曲线，可以看出，浓度为 0.25% 时，弹性模量随振荡应力增加逐渐降低，并未出现弹性模量平台区，即该浓度 B-PPG 悬浮液在测试扫描应力范围内没有线性黏弹区，原因是 B-PPG 浓度太低，线型支化链无法形成有效缠结，分子间作用力太小，难以构建相对稳定的网络结构，因此受振荡应力作用明显。当浓度继续增大，0.5% 的 B-PPG 悬浮液在应力较小时，弹性模量保持不变，表现出线性黏弹行为，当振荡应力增大到 0.26Pa 时，弹性模量逐渐下降，偏离线性黏弹区，即 0.5%B-PPG 悬浮液在应力小于 0.26Pa 之前均为线性黏弹区。随着 B-PPG 悬浮液浓度增大，维持线性黏弹区的最大振荡

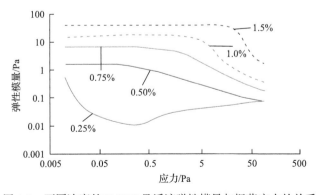

图 4-1　不同浓度的 B-PPG 悬浮液弹性模量与振荡应力的关系

应力增高。表 4-1 为不同浓度 B-PPG 悬浮液线性黏弹区，可以看到随着悬浮液浓度增大，B-PPG 线性黏弹区范围增大，这是由于浓度增大，线型支化链增多，分子间作用力增强，体系稳定性相应增加。

表 4-1　不同浓度 B-PPG 悬浮液线性黏弹区

浓度/%	应力转变点/Pa
0.25	—
0.5	0.260
0.75	0.628
1	3.158
1.5	19.94

考虑到 B-PPG 充分发挥其部分交联、部分支化的结构特点，利用其线型支化链之间的缠结作用，一般选用浓度为 0.5%的 B-PPG 悬浮液进行研究，因此为保证对其进行的动态振荡测试在线性黏弹区内进行，一般选用振荡应力为 0.1Pa 进行动态测试。

4.4　交联度对 B-PPG 流变性能的影响

采用交联凝胶含量分别为 72.36%、66.70%、57.10%、46.06%的四种 B-PPG 样品 A_9、A_8、A_5、A_2 和部分水解聚丙烯酰胺 A_0，进行稳态剪切和动态振荡测试。

从图 4-2 可以看出，随着剪切速率增加，悬浮液黏度降低，剪切变稀现象明显，表现为典型的非牛顿流体特性；且随着交联度的增加，B-PPG 黏度呈下降趋势，这是因为 B-PPG 为部分交联部分支化结构。随着 B-PPG 交联度增加，线型支化链数目及链长相应减少，分子间缠结作用减弱，流体力学体积变小，因此黏度降低。

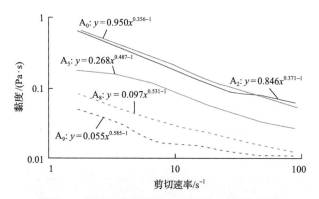

图 4-2　不同交联度的 B-PPG 悬浮液的黏切曲线

对图 4-2 中 η – $\dot{\gamma}$ 曲线进行幂律方程拟合：$\eta = K\dot{\gamma}^{n-1}$，其中 K 为稠度系数，$Pa \cdot s^{n}$；n 为流动指数，无因次，表示与牛顿流体偏离的程度。聚合物的稠度系数 K 值代表聚合物在该溶液中的增稠能力，n 值表示聚合物溶液的假塑性大小，n 值也反映了聚合物黏度对剪切速率的敏感度，n 值越小，黏度对剪切速率越敏感，拟合结果列于表 4-2。

表 4-2　不同交联度 B-PPG 悬浮液黏切曲线拟合参数

样品	$K/(Pa \cdot s^{n})$	n
A_0	0.950	0.356
A_2	0.846	0.371
A_5	0.268	0.487
A_8	0.097	0.531
A_9	0.055	0.585

从表 4-2 可以看出，随着交联度的增加，K 值减小，n 逐渐增大。B-PPG 交联度增大，导致线型支化链减少，分子链之间相互缠结作用减弱，因此黏度低且增稠能力变弱，同时 B-PPG 高交联度导致交联网络致密且结构稳定，剪切变稀现象减弱，因此剪切对高交联度的 B-PPG 影响较小。

图 4-3～图 4-5 分别为交联度依次增大的 B-PPG 样品的动态频率扫描曲线，可以发现，随着频率增加，弹性模量 G' 和黏性模量 G'' 均呈增加趋势。从图 4-3 可以看出，在低频时，G'' 大于 G'，随着振荡频率增大，G' 增加更快，G' 和 G'' 在 Fc 处相交，当频率大于 Fc 时，G' 高于 G''。事实上，Fc 是悬浮液表现为弹性行为占优或是黏性行为占优的频率分界点，频率低于 Fc 时，悬浮液更多地表现出黏性行为，而当频率高于 Fc 时，则弹性行为所占的比例更大一些。这是由于低频时应力作用时

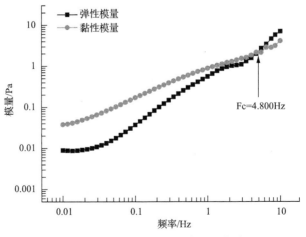

图 4-3　A_2 悬浮液动态频率扫描曲线

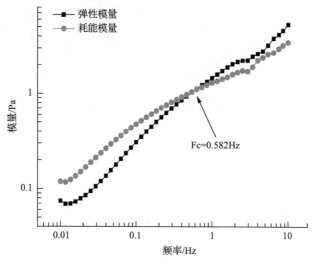

图 4-4　A_5 悬浮液动态频率扫描曲线

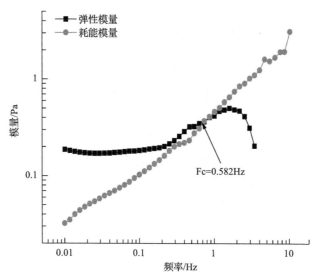

图 4-5　A_8 悬浮液动态频率扫描曲线

间较长，B-PPG 有足够的时间通过变形来调整构象，抵消恢复产生的应变，同时弹性形变也能在流动过程中逐渐恢复，因此黏性损耗相对较大。随着振荡频率的增大，振荡应力作用时间缩短，此时弹性形变大部分存储在体系中，黏性损耗的模量则相对较少，表现出弹性模量较高。因此频率 Fc 的大小代表了 B-PPG 交联网络结构对频率的敏感点，交联网络密度越大，交联程度越高，Fc 越小，趋向于低频。从图中交点也可以发现，交联密度小的 A_2 的动态扫频曲线中，Fc 为 4.800Hz，而交联密度大的 A_5 的 Fc 为 0.582Hz，处于低频。

如果 B-PPG 的交联度继续增大，而在动态扫频曲线中无法求出 Fc（图 4-5），在低频时，B-PPG 已经表现出弹性的主导作用，随频率增加，G' 有所下降，其原因可能是在累积的振荡应力作用下，交联网络结构有所坍塌。

以上研究表明，随 B-PPG 交联度增大，Fc 趋于低频，即 B-PPG 悬浮液黏度越大，黏性和弹性交叉点 Fc 越高，这与 HPAM 溶液黏性和弹性转变的规律相反。研究表明，随 HPAM 分子量增大，HPAM 溶液黏度增大，黏性和弹性交叉点 Fc 的频率降低。这可归因于 B-PPG 与 HPAM 溶液黏弹性产生的差异。对于 HPAM 溶液，黏弹性的产生源于分子间相互作用力：羧酸根之间的静电排斥力、酰胺基与水分子之间形成的氢键和 HPAM 分子链之间的范德瓦耳斯力，而 B-PPG 除具有以上作用力外，其部分交联结构对 B-PPG 悬浮液的弹性的贡献更多，因此 B-PPG 交联度对 Fc 的影响最明显：交联度增大（黏度减小），Fc 趋于低频。

4.5　矿化度对 B-PPG 流变性能的影响

目前，我国大多数油田地层条件恶劣，矿化度较高，而驱油剂对盐水往往比较敏感，与其在纯水中的黏弹性能差异较大，本节根据胜利油田不同油藏矿化度及盐离子浓度配制模拟水，研究 B-PPG 在不同矿化度盐水中的流变性能。选用 B-PPG 样品 A_5 和部分水解聚丙烯酰胺（HPAM），对比研究矿化度对 B-PPG 和 HPAM 流变性能的影响。

图 4-6 和图 4-7 分别为 HPAM 和 B-PPG 在不同矿化度黏度随剪切速率变化曲线，可以看出，随着矿化度的增大，HPAM 黏度依次降低；B-PPG 在纯水中的黏度（η）-剪切速率（$\dot{\gamma}$）曲线明显高于其在盐水中的曲线，且矿化度从 6666mg/L 增加

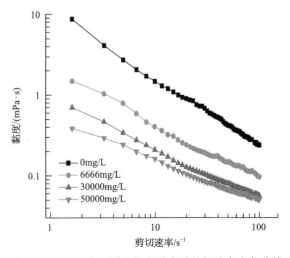

图 4-6　HPAM 在不同矿化度黏度随剪切速率变化曲线

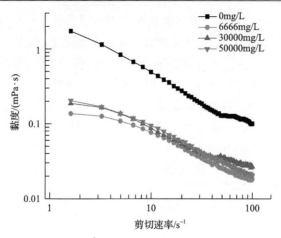

图 4-7　B-PPG 在不同矿化度黏度随剪切速率变化曲线

到 50000mg/L，B-PPG 的 η-$\dot{\gamma}$ 曲线变化不大，从图 4-8 黏度保留率曲线也可直观地看到这一现象，通过比较不同矿化度下 HPAM 与 B-PPG 的 η-$\dot{\gamma}$ 曲线及黏度保留率曲线可知，B-PPG 具有比 HPAM 更优异的耐盐性能。

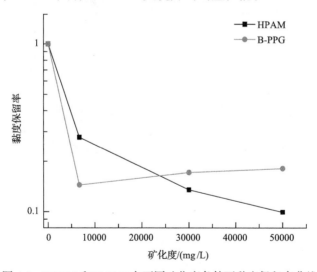

图 4-8　HPAM 和 B-PPG 在不同矿化度条件下黏度保留率曲线

对 HPAM 与 B-PPG 的 η-$\dot{\gamma}$ 曲线进行幂律方程拟合，结果分别列于表 4-3 和表 4-4，可以看出，随着矿化度增加，HPAM 悬浮液的 K 值持续下降，n 值明显增加，而 B-PPG 在不同盐水中的 K 值和 n 值却相差不大。这是因为 HPAM 是聚电解质，在溶液中部分酰胺基（—$CONH_2$）水解为羧基离子（—COO—）在聚丙烯酰胺粒子周围，在水溶液中形成扩散双电层。随着盐水矿化度增加，阳离子浓度增大，大量反离子进入双电层，部分中和了 HPAM 羧基的负电性，使分子链间的排斥力减小，导致大分子上电离基团的静电相互作用减弱，分子链更加卷曲，流体力学体积减小，黏度降低。另外，矿化度增加，高价金属离子(Ca^{2+}、Mg^{2+}等)与 HPAM 溶液中的羧基络合交联，从而导致溶液中聚丙烯酰胺分子构象数减少，自组装形态坍塌，部分分子从溶液中沉降析出，黏度降低。因此随着矿化度增加，HPAM 的增稠能力减弱，而 B-PPG 由于交联结构的存在，未水解多支化链的分子结构及空间位阻对阳离子进攻双电层和高价金属离子络合羧基离子均有较强的抑制作用，B-PPG 在不同矿化度盐水中 K 值和 n 值相差不大，表明 B-PPG 具有优良的耐盐性。

表 4-3　HPAM 溶液在不同矿化度下的黏切曲线拟合参数

矿化度/(mg/L)	K/($Pa·s^n$)	n
0	13.123	0.083
6666	2.137	0.307
30000	0.950	0.356
50000	0.509	0.486

表 4-4　B-PPG 悬浮液在不同矿化度下的黏切曲线拟合参数

矿化度/(mg/L)	K/($Pa·s^n$)	n
0	2.536	0.272
6666	0.211	0.491
30000	0.268	0.486
50000	0.301	0.443

图 4-9 为 HPAM 在不同矿化度盐水中频率-模量曲线。可以看出，随着频率增加，

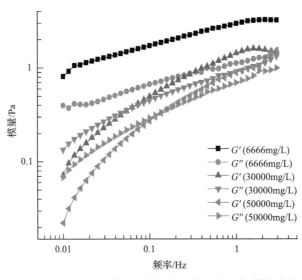

图 4-9　HPAM 在不同矿化度盐水中的动态频率-模量曲线

G' 和 G'' 均呈增加趋势。在 6666mg/L 盐水中和测试频率范围内 HPAM 的 G' 始终大于 G''，说明无论在低频还是高频测试条件下该体系的弹性均大于黏性，不出现弹性和黏性交叉点 Fc。随矿化度增加，HPAM 盐溶液会经历黏性流动主导到弹性流动主导的转变，即扫频曲线上出现 Fc，依次为 0.059Hz 和 0.151Hz，即高矿化度下 Fc 高，说明此时 HPAM 分子中羧基离子与阳离子发生物理交联，分子链收缩，链缠结作用变弱。因此随矿化度增加，HPAM 盐溶液体系的弹性减弱。

而 B-PPG 在不同矿化度盐水中频率-模量曲线与 HPAM 相比大不相同，如图 4-10 所示，矿化度从 6666mg/L 增加到 50000mg/L，B-PPG 悬浮液的扫频曲线变化并不明显，说明耐盐性较好。由于 B-PPG 交联网络的存在，其在低频时已经表现为弹性占优，未发现黏弹性的反转点，随矿化度增加，依然没有出现 Fc，表明 B-PPG 耐盐性能突出，高矿化度对其模量影响较小，其悬浮液弹性突出。

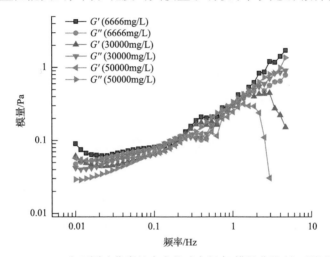

图 4-10　B-PPG 在不同矿化度盐水中的动态频率-模量曲线（文后附彩图）

由此得知，B-PPG 与 HPAM 相比，除具有羧酸根之间的静电排斥力、酰胺基与水分子之间形成的氢键和分子之间的范德瓦耳斯力外，其部分交联结构对于 B-PPG 悬浮液的弹性的影响最明显，因此会出现二者黏度对 Fc 影响相反的趋势。此外，HPAM 水解度一般大于 20%，酰胺基水解较严重，盐水矿化度增大会导致阳离子与酰胺基物理交联作用加剧，分子链收缩，缠结作用减弱，溶液黏弹性降低。B-PPG 由于交联结构的存在、未水解多支化链的分子结构及空间位阻对阳离子进攻均有较强的抑制作用，B-PPG 的黏弹性受矿化度影响较小。

4.6　浓度对 B-PPG 流变性能的影响

图 4-11 和图 4-12 为不同浓度 B-PPG 悬浮液的 η-$\dot{\gamma}$ 曲线及 B-PPG 在剪切速率

为 $7.34s^{-1}$ 下的黏度-浓度曲线,同时对 η-$\dot{\gamma}$ 曲线进行幂律方程拟合,结果列于表 4-5。从测试结果可以看出,随着悬浮液浓度增大,B-PPG 的黏度增大,K 值增加,

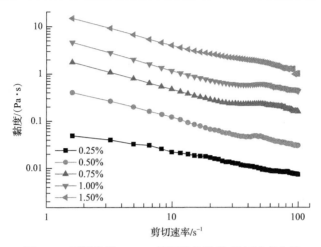

图 4-11　不同浓度 B-PPG 悬浮液的黏度-剪切速率曲线

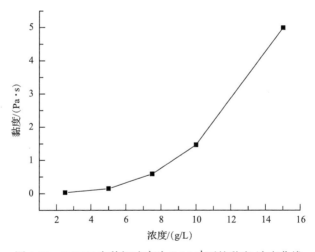

图 4-12　B-PPG 在剪切速率为 $7.34s^{-1}$ 下的黏度-浓度曲线

表 4-5　不同浓度 B-PPG 悬浮液的黏切曲线拟合参数

浓度/%	K/(Pa·s^n)	n
0.25	0.066	0.529
0.50	0.554	0.341
0.75	2.247	0.375
1.00	5.864	0.369
1.50	19.615	0.357

而 n 值略微呈下降趋势，变化幅度较小，表明随着浓度增加，悬浮液中支化链分子的缠结更加紧密，增稠能力明显提高，并且支化链间形成的较强作用力使悬浮液更加偏离牛顿流体。

图 4-13 为 B-PPG 在不同浓度下的频率-模量曲线。可以看出，G' 和 G'' 均随频率增加而增大，且增长趋势随浓度增大而减缓。0.5% B-PPG 在较宽的测试频率范围内，均表现为黏性优势，Fc 为 2.01Hz 时出现黏性和弹性的交叉点，弹性效应占优势；随 B-PPG 浓度增大，Fc 逐渐趋向低频，在浓度为 1.5% 时，测试频率范围内未发现黏性弹性的反转点，整条曲线一开始即呈现弹性占优的性能，如表 4-6 所示。浓度增大，B-PPG 悬浮液支化链缠结作用增强，交联网络更加密集，在极低频率下就表现出弹性为主导，因此在测试频率范围内测不出 Fc。同时，相对稳定的交联网络结构导致 B-PPG 对振荡频率的敏感性降低，因此随 B-PPG 浓度增加，G' 和 G'' 随频率增加的速率降低。

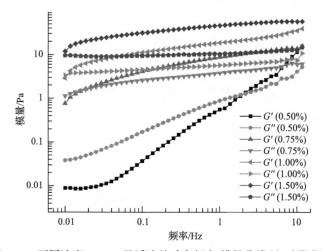

图 4-13　不同浓度 B-PPG 悬浮液的动态频率-模量曲线（文后附彩图）

表 4-6　不同浓度 B-PPG 悬浮液弹性和黏性交叉点 Fc

浓度/%	Fc/Hz
0.50	2.01
0.75	0.0178
1.00	0.0106
1.50	—

通过图 4-14 和图 4-15 为 B-PPG 悬浮液模量-角频率对数曲线，表 4-7 为不同浓度 B-PPG 悬浮液模量-角频率曲线斜率，可以看出，G'、G'' 随 B-PPG 浓度增加，与 G'' 相比，G' 的增加更为明显，表明 G' 对体系内结构变化的响应更为敏感。进一

步研究发现，G'、G'' 和 ω 之间呈幂律变化：$G' = k'\omega^{n_1}$，$G'' = k''\omega^{n_2}$。$\lg G'$-$\lg \omega$ 曲线斜率为 $0.183 \sim 1.109$，$\lg G''$-$\lg \omega$ 曲线的斜率则在 $0.051 \sim 0.687$。研究指出，对凝胶而言，其 $\lg G'$-$\lg \omega$ 曲线和 $\lg G''$-$\lg \omega$ 的斜率为 0；对弱凝胶和浓度较高的悬浮液而言，其斜率为正数，且 $\lg G'$-$\lg \omega$ 曲线的斜率应该大于 $\lg G''$-$\lg \omega$ 曲线的斜率。由此可以判断，不同浓度（$0.5\% \sim 1.5\%$）B-PPG 悬浮液均表现出弱凝胶特性。

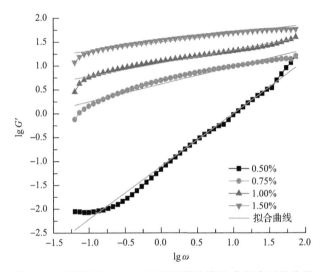

图 4-14　不同浓度 B-PPG 悬浮液弹性模量-角频率对数曲线

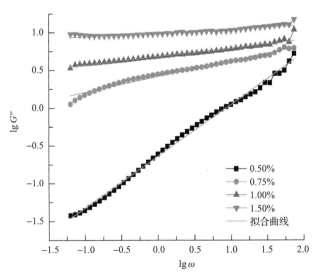

图 4-15　不同浓度 B-PPG 悬浮液黏性模量-角频率对数曲线

表 4-7　不同浓度 B-PPG 悬浮液模量-角频率对数曲线斜率

浓度/%	弹性模量-角频率对数曲线斜率	黏性模量-角频率对数曲线斜率
0.50	1.109	0.687
0.75	0.365	0.208
1.00	0.273	0.114
1.50	0.183	0.051

4.7　B-PPG 悬浮液的触变性

　　触变性是悬浮体非常重要的性质，它最能直观地反映体系微观结构在一定流场下随时间的变化。触变性流体因其内部分子的静电吸引、范德瓦耳斯力、氢键或物理团聚等相互作用，使流体内部形成网状结构。在外力作用下，微观上网状结构随剪切时间发生破坏，顺着剪切方向被拉伸、取向，宏观上表现出剪切变稀现象，当外力去除或减弱时，网络结构得以重建，典型触变性流体的触变机理如图 4-16 所示。

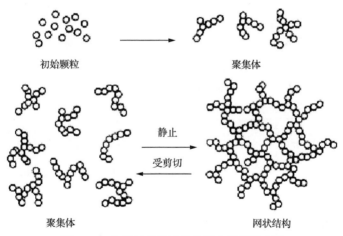

初始颗粒　　　　　　　　　　聚集体

静止

受剪切

聚集体　　　　　　　　　　网状结构

图 4-16　典型触变性流体的触变机理示意图

　　图 4-17 为锂藻土水凝胶触变机理示意图。锂藻土水凝胶(laponite hydrogel)是一种层状硅酸盐[图 4-17(a)]。在水溶液中，阳离子与片层底面的水化能导致硅酸盐膨胀，内部的电荷随之发生改变，各层间的结合力变小，片层集合体被拆散，形成的微粒薄片表面带负电荷，如图 4-17(b)所示。微粒薄片因静电吸引作用在水溶液中以端-面相接的方式形成包含大量水分子的"卡-房"(house of cards)网络结构[图 4-17(c)]。外力作用时，网络结构被破坏，溶液黏度降低；外力去除后，片层的布朗运动使网络结构重建，黏度恢复，符合典型的触变性机理。

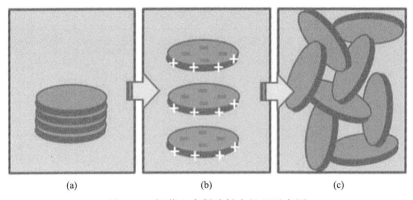

图 4-17　锂藻土水凝胶触变机理示意图

对 B-PPG 悬浮液施加阶跃剪切速率（$\dot{\gamma}$ 由 $10s^{-1}$ 突降至 $3s^{-1}$），将剪切速率突变前后的应力变化作图，如图 4-18 所示，可以看到 t_1 之前，应力随剪切速率减小，表明体系内部分网络结构被破坏，且结构破坏速率大于结构重建速率。t_1 时刻 $\dot{\gamma}$ 突降，应力先迅速减小至最小值而后随时间逐渐达到平衡状态，体系结构得以逐步重建，这一典型现象表明 B-PPG 悬浮液为触变性流体。

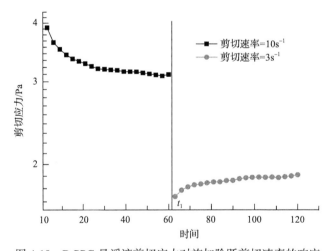

图 4-18　B-PPG 悬浮液剪切应力对施加阶跃剪切速率的响应

体系触变性的大小可以通过剪切速率扫描定性判断。在稳态剪切实验中，设定剪切速率从 $0.01s^{-1}$ 连续增加到 $100s^{-1}$，然后再从 $100s^{-1}$ 连续降至 $0.01s^{-1}$，单程扫描时间为 10min，用触变环的面积即可定性表示体系触变性的相对大小，触变环面积较大说明体系触变性较强。

图 4-19 为不同交联度的 B-PPG 悬浮液的剪切触变环,表 4-8 为各触变环面积。从以上测试结果可以发现，低交联含量的 B-PPG 悬浮液触变环面积最大，

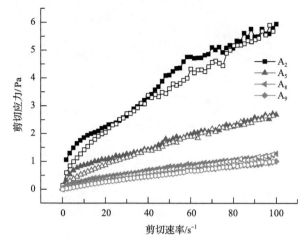

图 4-19　不同交联度 B-PPG 悬浮液剪切应力-剪切速率曲线

图中同种样品实心为剪切速率增加，空心为剪切速率降低

表 4-8　不同交联度 B-PPG 悬浮液触变环面积

样品	交联度/%	触变环面积/(Pa/s)
A_2	46.06	35.593
A_5	57.10	14.563
A_8	66.70	8.813
A_9	72.36	2.241

具有强的触变性，随着 B-PPG 交联度增加，触变性逐渐降低。这是因为低交联含量 B-PPG 悬浮液体系黏度较大，对剪切速率滞后明显，剪切场破坏其结构需要的能量较大，且结构破坏后需要更长的时间来恢复；而交联含量高的 B-PPG 悬浮体系支化链缠结较弱，破坏触变结构需要的能量相对较小，破坏后结构可以在较短时间内重建恢复。

为了进一步了解 B-PPG 的触变性能，对不同浓度的 B-PPG 悬浮体系进行了触变性研究，从图 4-20 和表 4-9 所示的结果可发现，浓度对 B-PPG 悬浮液触变性的影响非常大，随浓度增加，B-PPG 悬浮液触变环面积呈指数程度增加，触变性明显增强，表明高浓度体系下破坏触变结构所需的能量大，剪切变稀以后需要更长时间重建结构。

由此可推知 B-PPG 悬浮体系的触变性机理：B-PPG 自身具有部分交联网络结构，当无外场作用时，溶胀的黏弹性颗粒均匀混合，交联颗粒及线型支化链之间又可通过相互作用形成一定的网络结构，表现出高黏度的状态。当体系受到外来剪切场作用时，颗粒之间形成的网络结构被破坏，沿着剪切方向被拉伸、取向，且结构破坏的速率大于结构重建的速率，体系黏度随之降低，在此过程中，B-PPG 自身的交联结构在适当剪切场作用下不会被破坏。当去除剪切场作用或剪切场减

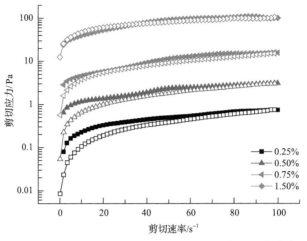

图 4-20　不同浓度 B-PPG 悬浮液剪切应力-剪切速率曲线

图中同种样品实心为剪切速率增加，空心为剪切速率降低

表 4-9　不同浓度 B-PPG 悬浮液(A_2)触变环面积

浓度/%	触变环面积/(Pa/s)
0.25	10.271
0.50	34.168
0.75	167.035
1.50	372.017

弱时，颗粒间的网络结构得以重建，黏度逐渐恢复，如图 4-21 所示。高黏度的 B-PPG 悬浮体系中，线型支化链的数目较多，颗粒间形成的网络结构的概率大且相对稳定，对剪切速率滞后明显，剪切场破坏网络结构需要的能量较大，网络结构破坏后需要更长的时间来恢复，因此触变环面积较大。

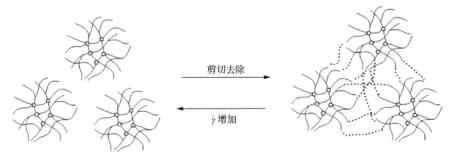

图 4-21　B-PPG 悬浮体系的触变机理示意图

　　B-PPG 实际使用浓度往往不超过 0.5%，因此，B-PPG 悬浮体系一般为弱触变性体系。当然，通过以上不同交联度和不同浓度 B-PPG 悬浮体系的触变性研究可知，B-PPG 悬浮体系的触变性是可控的。B-PPG 悬浮液的弱触变性对于油藏现场

应用特别有利。在油藏现场用泵输送 B-PPG 悬浮液时，希望 B-PPG 的黏度能适当减少以降低输送泵的功率，节省能源。B-PPG 的自身交联结构为化学键交联，剪切场破坏的是颗粒间形成的网络结构，不能从根本上降低 B-PPG 悬浮液的黏度，因此当 B-PPG 悬浮液被注入地层后，因剪切场的减弱，黏度又得以逐渐恢复，起到增黏的作用。

4.8　B-PPG 悬浮体系的屈服应力

在 B-PPG 进行渗流实验时，需要达到一定的启动压力，悬浮液才可以在多孔介质中运移。这一现象表明 B-PPG 悬浮液存在特征屈服应力，因此采用流变学研究 B-PPG 悬浮液的屈服应力，可以定性地预测其在多孔介质中的启动压力。

图 4-22 为浓度为 0.5% 的不同交联度的 B-PPG 悬浮液的剪切速率与剪切应力关系曲线。从图中可明显看出，不同交联度的 B-PPG 剪切应力均随剪切速率的增加而增大，表现出典型的非牛顿流体特性。根据剪切应力 (σ) -剪切速率 $(\dot{\gamma})$ 关系，发现其符合 Herschel-Bulkley 方程：

$$\sigma = \sigma_y + K\dot{\gamma}^n$$

式中，σ_y 为屈服应力，Pa，是流体开始流动所需要达到与超过的临界应力值；K 为稠度系数，$\mathrm{Pa \cdot s}^n$，可以用来表征流体的流动性；n 为流动指数。当 $n < 1$ 时，为非 Bingham 流体中的塑性流体或假塑性流体，n 是（假）塑性流体的量度，n 值越小，剪切越易变稀，（假）塑性程度越大；当 $n > 1$ 时，为非 Bingham 流体中的膨胀性流体；当 $n=1$，$K = \eta$，则为牛顿流体或 Bingham 流体。

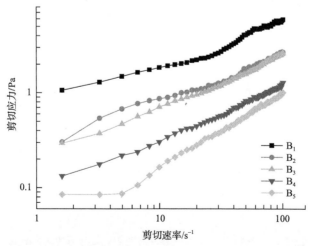

图 4-22　不同交联度的 B-PPG 悬浮液（质量分数为 0.5%）的剪切应力与剪切速率关系曲线

表 4-10 为 Herschel-Bulkley 方程的拟合数据，可以看到，不同交联度 B-PPG 的屈服应力 σ_y 均较小，范围为 0.021～0.775Pa，由此可知，B-PPG 悬浮液为具有低屈服应力的剪切变稀流体，随交联度增大，屈服应力和稠度系数均降低。随交联度增大，B-PPG 线型支化链减少，大分子链的水动力学半径也减小，分子间缠结作用大大减弱，流动阻力减小，使 σ_y 值降低。

表 4-10　不同交联度 B-PPG 悬浮液按 Herschel-Bulkley 方程拟合参数

样品	σ_y/Pa	$K/(\mathrm{Pa \cdot s}^n)$	n
B_1	0.775	0.171	0.745
B_2	0.436	0.055	0.805
B_3	0.305	0.054	0.816
B_4	0.066	0.049	0.683
B_5	0.021	0.023	0.815

图 4-23 为不同浓度 B-PPG 悬浮液在 25℃下的剪切速率与剪切应力关系曲线。显然，在不同浓度下，B-PPG 悬浮液的剪切应力均随剪切速率的增大而增大，均为非牛顿流体。体系在不同浓度下均存在屈服应力，对该曲线按照 Herschel-Bulkley 方程拟合，结果列于表 4-11，可以看到，浓度的增加对 B-PPG 悬浮液屈服行为影响显著，随浓度增大，B-PPG 悬浮液的屈服应力明显增加，从 0.056Pa 到 6.271Pa，稠度系数也增加，这源于高浓度的 B-PPG 悬浮液，支化链分子缠结作用强烈，体系流动需要的最低剪切应力明显增大。

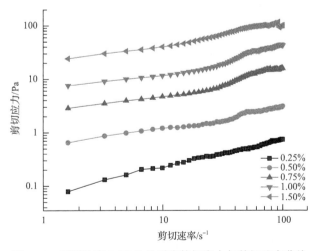

图 4-23　不同浓度 B-PPG 悬浮液剪切应力与剪切速率曲线

表 4-11 不同浓度 B-PPG 悬浮液按 Herschel-Bulkley 方程拟合参数

浓度/%	σ_y /Pa	$K/(Pa \cdot s^n)$	n
0.25	0.056	0.041	0.612
0.50	0.533	0.130	0.649
0.75	1.456	0.567	0.720
1.00	4.691	1.019	0.803
1.50	6.271	10.972	0.508

由此可知，B-PPG 悬浮液为具有低屈服应力的剪切变稀流体，低交联度或高浓度 B-PPG 悬浮液中，线型支化链数目和链长大，分子间缠结作用强烈，体系流动需要的最低剪切应力较大，因此屈服应力值高。从研究结果还可得知，浓度对 B-PPG 悬浮液的屈服应力值影响显著。

4.9 B-PPG 悬浮液稳态剪切与动态振荡的关系

早在流变学产生之初，人们就发现稳态测试的非线性剪切流动与动态测试的线性黏弹特性之间存在相似性，例如，$\lim_{\omega \to 0} |\eta'(\omega)| = \lim_{\dot{\gamma} \to 0} \eta(\dot{\gamma})\big|_{\dot{\gamma}=\omega}$，这些关系式是在实验基础上，通过分子唯象理论推导出来的，并且已经被众多的聚合物溶液和熔体试验所证实。一般情况下，只有在高剪切速率或角频率时，关系式才出现偏离，并且往往是 $|\eta'(\omega)|$ 随 ω 的下降速率快于 η 随 $\dot{\gamma}$ 的降低速率，即 $\eta'(\omega) < \eta(\dot{\gamma})\big|_{\dot{\gamma}=\omega}$。

曾有各种尝试寻找剪切速率和频率低限以外的 $\eta(\dot{\gamma})$ 和 $|\eta'(\omega)|$ 之间的经验关系，在聚合物体系流变性质的广泛测试中，应用最广泛且最成功的是 Cox 和 Merz 和 Merz[238]提出的 Cox-Merz 关系式：

$$|\eta^*(\omega)| = \eta(\dot{\gamma})\big|_{\dot{\gamma}=\omega}$$

式中，$\dot{\gamma}$ 为稳态剪切速率，s^{-1}；ω 为小振幅剪切振荡频率，rad/s；$\eta(\dot{\gamma})$ 为稳态剪切黏度，Pa·s；$|\eta^*(\omega)|$ 为复数黏度绝对值，Pa·s。

研究表明，普通高分子溶液与熔体均符合 Cox-Merz 关系式，Cox-Merz 关系式的重要性在于它联系着两类性质完全不同的流变测试。大变形下稳态剪切流动测量高分子材料典型的非线性黏性。从微观上看，测量大分子链的取向、滑行、解缠结或化学键破坏等。而小振幅振荡剪切，测量材料的线性黏弹性，微观上表征了完全不同的分子运动，主要测量分子链的柔顺性。这两种性质迥异的测量，宏观测试结果却十分相似，而且这种相似性在不同的实验里，对各类高分子材料重现性相当好，具有非常高的应用价值和理论意义。例如 Cox-Merz 关系式提供一种简便方法，从测得的线性黏弹数据估计其剪切黏度的信息，反之亦然。理论研究中作为对本构模型的验证，它提供了联系两类不同流变函数的简单关系。

研究表明，HPAM 的甲酰胺溶液遵循 Cox-Merz 关系式，但其水溶液偏离，在高频区有 $|\eta^{*}(\omega)|>\eta(\dot{\gamma})$。这是少有的均聚物偏离 Cox-Merz 关系式的情形。分析认为，这是由于水溶液中强烈的氢键作用影响了材料的结构和流变性。由于小振幅剪切振荡主要反映链的柔顺性，氢键不受影响，而稳态剪切中，当达到临界剪切应变会发生分子链的滑动，使氢键受到破坏，结果溶液呈现较强的非线性，表现为 η-$\dot{\gamma}$ 曲线较陡。

图 4-24 为 25℃下 0.5% HPAM 溶液的 $|\eta^{*}(\omega)|$-ω（动态测试）及 $\eta(\dot{\gamma})$-$\dot{\gamma}$（稳态剪切）关系曲线。可以看出，在 $\omega<4.19$rad/s 或 $\dot{\gamma}<4.19$s^{-1} 时，HPAM 溶液遵循 Cox-Merz 关系式；随 ω 或 $\dot{\gamma}$ 继续增大，溶液偏离 Cox-Merz 关系式，$|\eta^{*}(\omega)|<\eta(\dot{\gamma})$，这与以往研究中在高频区有 $|\eta^{*}(\omega)|>\eta(\dot{\gamma})$ 的结论相反。这是由于以往研究采用的 HPAM 摩尔质量为 2.53×10^{6}g/mol 和 4.7×10^{6}g/mol，摩尔质量较低，分子链短，分子链间缠结作用较小，本节采用 HPAM 摩尔质量为 1.3×10^{7}g/mol，分子链间缠结作用及形成的氢键的作用均较强，高剪切速率下 HPAM 结构较稳定，在测试范围内未出现明显的黏度陡降现象，因此在高频时，$|\eta'(\omega)|$ 随 ω 的下降速率快于 η 随 $\dot{\gamma}$ 的降低速率，即 $|\eta'(\omega)|<\eta(\dot{\gamma})|_{\dot{\gamma}=\omega}$。

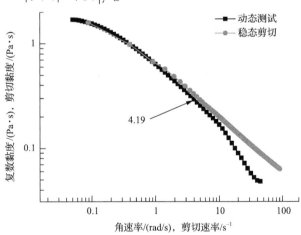

图 4-24　质量浓度为 0.5%的 HPAM 溶液稳态剪切和动态测试的关系

图 4-25 为 25℃下 0.5% B-PPG 溶液的 $|\eta^{*}(\omega)|$-ω 及 η-ω 关系曲线。可以看出，在 $\omega<3.94$rad/s 时，曲线偏离 Cox-Merz 关系式，$|\eta^{*}(\omega)|<\eta(\dot{\gamma})$，当 $\omega>3.94$rad/s，B-PPG 悬浮液遵循 Cox-Merz 关系式。这一反常现象是由于交联悬浮颗粒的存在，与线型支化链共同作用，形成的临时网络结构相对稳定，对低剪切速率场相对不

敏感，分子链之间的解缠结效应较弱，交联网络结构的束缚使分子链取向作用变弱，线型支化链无序排列尚未削弱，分子运动内摩擦维持较高水平，因此剪切黏度较高；随着剪切速率增大，交联结构维持的相对稳定作用被削弱，剪切黏度逐渐降低，与动态复数黏度保持一致。

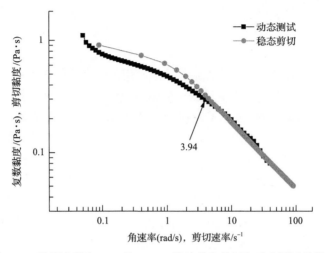

图 4-25　质量浓度为 0.5%的 B-PPG 溶液稳态剪切和动态测试的关系

第5章　B-PPG耐老化机理研究

5.1　引　　言

由于三次采油周期较长，驱油剂在实际使用过程中的稳定性非常重要。评价驱油剂性能的一个重要指标是其在油藏中的耐老化性能。传统驱油剂 HPAM 在高温高盐油藏中老化失效严重，其水溶液在使用过程中表现出黏度随时间降低或 HPAM 与水分相的现象，可用溶液黏度和流变性质的变化来表征。研究表明，老化引起 HPAM 溶液性能下降的机制主要有三种：第一，包括细菌与微生物等生物因素引起的老化；第二，水解造成的化学结构的变化；第三，聚合物分子链的热降解与热氧降解等。而在实验室加速老化的条件下，基本可排除细菌与微生物等的影响。

本章以均聚和共聚 B-PPG 为模型物，对比考查了 HPAM，均聚和共聚 B-PPG 在 85℃、30000mg/L 矿化度下老化三个月前后的表观黏度、水解度以及流变性能的变化；并通过核磁共振氢谱(^{1}H-NMR)测试表征老化后共聚物的结构。在此基础上，提出了 B-PPG 的耐老化机理。

5.2　实　验　部　分

5.2.1　老化实验

将配制好的 B-PPG 悬浮液倒入玻璃瓶中，盖好橡胶塞，插入三通管，抽真空、通氮气除氧 1h，用胶带密封玻璃瓶，放入 85℃老化箱中。

按照时间依次取出玻璃瓶。将老化后样品用过量的无水乙醇洗涤、沉析 3 次，将沉淀物在 70℃真空烘箱中烘干 12h 后研磨成粉状，备用。

5.2.2　水解度测试

根据《部分水解聚丙烯酰胺水解度测定方法》(GB/T 12005.6—1989)，测试老化前后 B-PPG 样品的水解度。

用称量瓶采用减量法称取 0.028~0.032g B-PPG 样品，精确至±0.0001g，三个试样为一组。将盛有 100mL 蒸馏水的锥形瓶放在电磁搅拌器上，调节转速至旋涡深度达 1cm 左右，将试样加入至完全溶胀，该悬浮液可直接进行水解度测试。用两支体积比相同的滴管向悬浮液中分别加入一滴甲基橙和一滴靛蓝二磺酸钠指示剂，悬浮液变为黄绿色。然后用盐酸标准溶液缓慢滴定该悬浮液，当颜色由黄绿色变为浅灰色时即为滴定终点，记录消耗盐酸标准溶液的体积(mL)，按照以下公式进行水解度计算：

$$HD = \frac{cV \times 71 \times 100}{1000ms - 23cV}$$

式中，HD 为水解度，%；c 为盐酸标准溶液的物质的量浓度，mol/L；m 为 B-PPG 试样的质量，g；s 为 B-PPG 试样的固含量，%；23 为丙烯酸钠(AANa)与丙烯酰胺(AM)链节质量的差值；71 为与 1.00mol/L 盐酸标准溶液相当的 AM 链节的质量；V 为消耗盐酸的体积，mL。

每个试样至少测试三次，取平均值作为测试结果；单个测试值与平均值的最大偏差在 ±1% 之内，如果超过该值，则应重新取样测试。

5.2.3　核磁共振(NMR)测试

采用核磁共振仪(Bruker AV 600MHz,德国)对 N, N-二甲基丙烯酰胺(DMAM)和老化后的 AM-DMAM 共聚物进行 ^{1}H-NMR 结构表征，使用 D_2O 作为溶剂。

5.2.4　X 射线光电子能谱(XPS)测试

实验使用英国 Kratos 公司的 XSAM800 多功能表面分析电子能谱仪，Al 靶(1486.6eV)X 光枪工作在 12kV×15mA 功率下，分析室本底真空 2×10^{-7}Pa，采用 FAT 方式，谱仪用 $Cu2_p3/2$(932.67eV)，Ag3d5/(368.30eV)，Au4f7/2(84.00eV)标样校正。数据采用污染碳 C_{1s}(284.8eV)校正。

5.3　B-PPG 断链机理

5.3.1　B-PPG 老化前后流变性能

研究表明，驱油剂的黏弹性是影响波及效率的主导因素之一，从微观驱油机理已经证明了聚合物在多孔介质中的黏弹效应产生的拉曳作用，从而提高采收率。图 5-1 和图 5-2 分别为老化前后均聚 B-PPG 模量和黏度的变化，从图 5-1 可以看出，老化前，弹性模量 G'、耗能模量 G'' 均随着剪切频率的增加呈上升趋势；在低频率段，$G'' > G'$，B-PPG 的黏性占主导地位；而在高频率阶段，$G' > G''$，主要表现为 B-PPG 的弹性性质。而对于老化后的 B-PPG 在很宽的测试频率范围内均表现为 $G'' > G'$，说明老化过程中断链增黏等作用使 B-PPG 在测试频率范围内黏性大大增加，弹性只在较高频率($f > 2.7$Hz)时才起到主导地位。从均聚 B-PPG 老化前后的黏切曲线(图 5-2)可以看出，老化前当剪切速率较小($\dot{\gamma} \leqslant 0.1$s^{-1})时，B-PPG 表现出轻微的剪切增稠现象，这可能是老化前非均相 B-PPG 悬浮液的部分交联结构所致，其颗粒之间相互挤压变形，导致黏度略有增加；当剪切速率大于 $0.1\mathrm{s}^{-1}$ 时，老化前后的 B-PPG 悬浮液均表现出剪切稀化现象，但黏度下降较为缓慢，说明该聚合物具有一定的抗剪切能力。老化后 G'、G'' 和剪切黏度均有所下降，但依然保持较好的黏弹性。

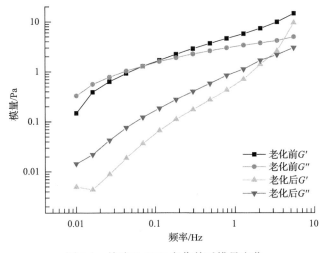

图 5-1　均聚 B-PPG 老化前后模量变化

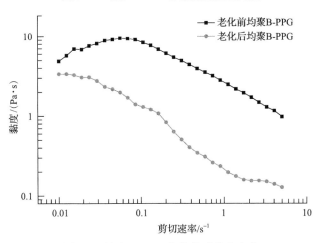

图 5-2　均聚 B-PPG 老化前后黏度变化

5.3.2　B-PPG 老化过程的表观黏度变化

驱油剂的主要功能是提高驱替液的黏度，降低油水流度比，因此驱油剂水溶液的表观黏度是一项重要指标。为了对比研究，同时对 HPAM 和 B-PPG 进行老化实验。

　　图 5-3 为 HPAM 每周取样，采用旋转黏度计测试黏度变化。对 HPAM 的老化实验表明，在矿化度为 30000mg/L 的盐水中，温度为 85℃ 下老化初期，HPAM 黏度迅速下降，老化 4 周，黏度已经下降了 70%；老化 6 周时，HPAM 溶液已经完全降解、断链，黏度为 0.122Pa·s，与相同测试条件下蒸馏水黏度测试值（0.11Pa·s）相当。老化三个月，HPAM 溶液 HPAM 黏度保留率为 5.2%，将前 6 周的黏度下降曲线进行拟合，如图 5-4 所示，可以得到 HPAM 溶液黏度老化方程为

$$\eta = 2.015 - 0.347t$$

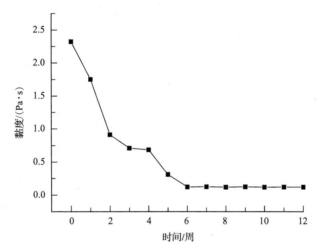

图 5-3　HPAM 老化过程黏度变化

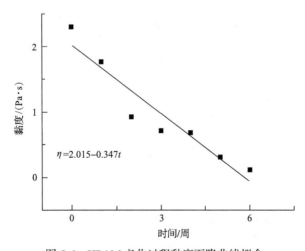

图 5-4　HPAM 老化过程黏度下降曲线拟合

　　同时对 B-PPG 悬浮液进行老化测试，其每周取样表观黏度变化图如图 5-5 所示。

从图 5-5 可以看出，B-PPG 在老化期间的整体变化趋势与 HPAM 溶液黏度变化趋势完全不同。在老化初期，B-PPG 悬浮液表观黏度持续增加，第三周黏度达到最高值，之后随着老化时间增加，B-PPG 黏度逐渐降低；老化三个月，B-PPG 黏度保留率为 22.7%，远远大于 HPAM 溶液在相同老化测试条件下的黏度保留率。将老化过程中 B-PPG 悬浮液黏度变化进行拟合，如图 5-6 所示，可以得到 B-PPG 黏度老化方程分为两个阶段。

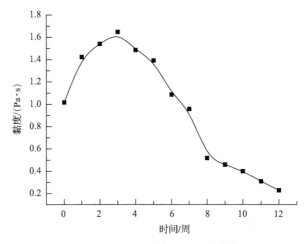

图 5-5　B-PPG 老化过程黏度变化

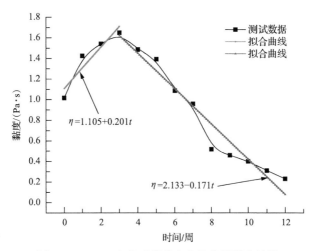

图 5-6　B-PPG 老化过程黏度变化曲线拟合结果

(1)增黏阶段：

$$\eta = 1.105 + 0.201t, \quad t \leqslant 3\text{周}$$

(2)降黏阶段：

$$\eta = 2.133 - 0.171t, \quad t>3\text{周}$$

比较 HPAM 溶液和 B-PPG 悬浮液降黏方程,前者斜率为–0.347,后者为–0.171,约为前者一半,表明 HPAM 黏度下降速率约为 B-PPG 悬浮液黏度下降速率的 2 倍。因此 B-PPG 悬浮液的耐老化能力显著优于 HPAM 溶液。需要指出的是,室内加速老化时,尚有微量氧气存在,且表观黏度每周取样的测试样品为同一个,测试结束后再通氮除氧,在这个过程中,难免引入额外空气进入体系,因此可以推测,在完全无氧的地下油藏条件下,B-PPG 的断链失效将更为缓慢。

5.3.3　B-PPG 断链机理

从图 5-5 的 B-PPG 悬浮液老化过程黏度变化曲线还可以看出,老化 3 周时,黏度达到峰值,为 1.648Pa·s,老化 4 周时,B-PPG 悬浮液黏度从初始黏度 1.016Pa·s 增长到 1.485Pa·s,增加了 46%,这一现象与 HPAM 水溶液在高温高盐环境下表观黏度的变化规律大相径庭,主要是由于二者的断链方式不同。

图 5-7 为 HPAM 分子在水溶液中的断链方式示意图,可以看出,HPAM 以单链分子在溶液中分散,当某处分子链断裂之后,由于分子之间没有其他化学键作用,分子链变短,黏度降低;随着断裂点的增加,分子链越来越短,流体力学体积越来越小,黏度逐渐下降。

图 5-7　HPAM 断链示意图(文后附彩图)

而对于 B-PPG,其断链过程如图 5-8 所示。老化初期,部分交联点之间链段

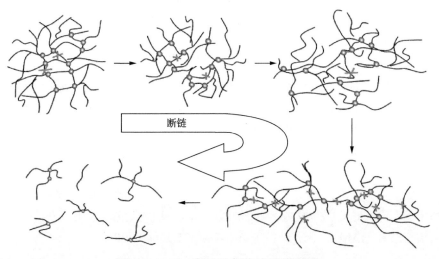

图 5-8　B-PPG 断链示意图(文后附彩图)

的断裂产生线型支化链，且最外层支化链首先从交联网络释放，可溶性组分增多，由于缺少交联网络的束缚，分子链能够较为自由地伸展，流体力学体积明显增大，导致表观黏度显著增加。经过相当长时间的老化后，交联网络逐渐解体，表现出类似 HPAM 的断链方式，黏度逐渐降低。换言之，B-PPG 独特的部分交联结构，大大延缓了断链的进程，是 B-PPG 耐老化的根本原因。

5.4　B-PPG 水解机理

除了分子断链造成的失效之外，HPAM 溶液老化失效的另一个主要原因是在高矿化度油藏条件下，水解的丙烯酰胺与高价盐，如 Ca^{2+}、Mg^{2+}等发生物理络合作用导致其从水溶液中沉淀出来。

聚丙烯酰胺的侧基—$CONH_2$ 水解为羧基离子—$COOH$ 后，会对邻位酰胺基的水解产生加速作用，即产生邻基催化效应，如图 5-9 所示。

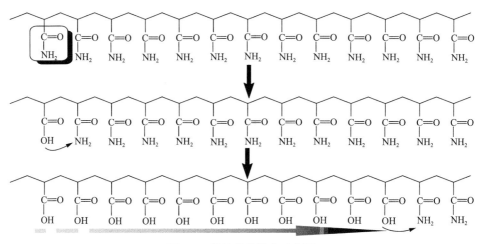

图 5-9　邻基催化效应示意图

而当聚丙烯酰胺分子链上产生大量羧酸根后，这些羧酸根与 Ca^{2+}、Mg^{2+}等二价离子通过络合形成物理交联而引起凝胶分子链收缩，导致 HPAM 分子线团流体力学体积减小，黏度大幅下降；同时羧酸根与阳离子结合，降低了羧酸根之间的静电排斥作用，也会导致聚丙烯酰胺分子收缩，流体力学体积减小，黏度降低，如图 5-10 所示。

因此推测，在 B-PPG 老化时，黏度先增加后减小的过程中，水解也产生了一定的影响。为了证实这一推测，从分子设计出发，引入耐水解共聚单体 N, N-二甲基丙烯酰胺(DMAM)，合成制备了 AM-DMAM 共聚 B-PPG。

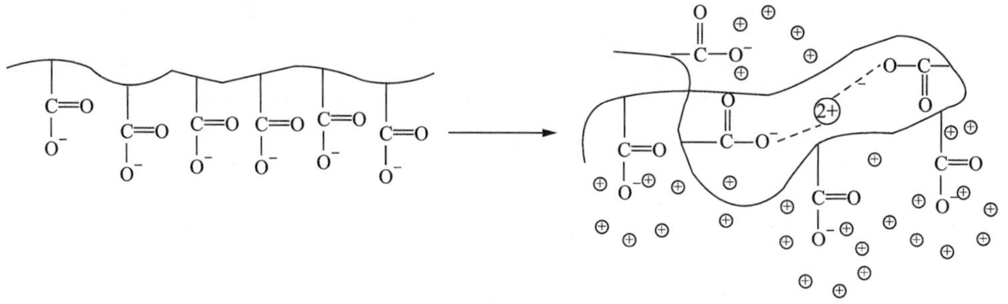

图 5-10　二价离子促使聚丙烯酰胺分子收缩
⊕表示一价离子；②+表示二价离子

5.4.1　AM-DMAM 共聚 B-PPG 老化表观黏度

分别对 HPAM、均聚 B-PPG 和共聚 B-PPG 进行 3 个月的高温高盐老化实验，测其老化前后的表观黏度，结果如表 5-1 所示。HPAM、均聚 B-PPG、共聚 B-PPG 的起始黏度依次降低，但老化三个月后，HPAM 和均聚物表观黏度均下降，黏度保留率分别为 15%和 57%；而共聚 B-PPG 老化三个月后表观黏度大幅上升，表观黏度达 1.830Pa·s，远远超过 HPAM 和均聚 B-PPG，且黏度保留率高达 303%，这一结果初步证明 DMAM 的引入提高了 B-PPG 的耐老化性能。

表 5-1　HPAM、均聚 B-PPG 和共聚 B-PPG 老化前后黏度变化

参数	HPAM	均聚 B-PPG	共聚 B-PPG
老化前表观黏度/(Pa·s)	2.322	1.013	0.604
老化后表观黏度/(Pa·s)	0.354	0.576	1.830
黏度保留率/%	15	57	303

5.4.2　AM-DMAM 共聚 B-PPG 老化前后流变性能

同样地，对老化前后共聚 B-PPG 悬浮液进行了流变性能测试(图 5-11)，并将老化前后均聚 B-PPG 和共聚 B-PPG 的弹性模量 G'、黏性模量 G'' 及稳态剪切黏度保留率进行了对比(图 5-12)。如图 5-11 所示，老化前后共聚 B-PPG 的 G'、G'' 均随着频率增加而增大，且 G' 随频率的增长速率大于 G''。

从图 5-12(a)模量保留率曲线可以看出，在频率测试范围内，老化后共聚 B-PPG 的 G'、G'' 保留率均大于均聚 B-PPG 的模量保留率，表明共聚物的交联网络结构相对来说更为稳定；从图 5-12(b)稳态剪切的黏度保留率曲线上也可看出，在剪切速率较低时，均聚 B-PPG 的黏度保留率与共聚 B-PPG 相当，而随着剪切速率的增加，当 $\dot{\gamma} \geqslant 0.1\text{s}^{-1}$ 时，共聚 B-PPG 的黏度保留率明显大于均聚 B-PPG 的黏度保留率，这也说明共聚 B-PPG 结构更加稳定。

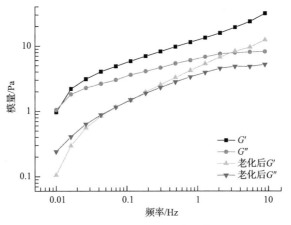

图 5-11　共聚 B-PPG 老化前后模量变化

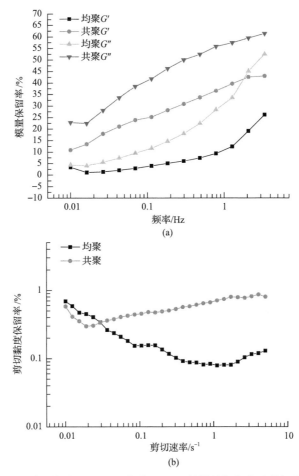

图 5-12　老化前后均聚 B-PPG 和共聚 B-PPG 的模量保留率及剪切黏度保留率

以上研究结果表明，老化后共聚 B-PPG 的表观黏度、G'、G''和稳态剪切黏度均大于均聚 B-PPG 对应值，即共聚单体 DMAM 的引入有效地提高了 B-PPG 的结构稳定性，证实酰胺基的邻基催化效应是促进 B-PPG 老化失效的重要原因。

为了进一步研究共聚 B-PPG 耐老化机理，通过化学分析法测试了老化前后 B-PPG 的水解度，采用 X 射线光电子能谱(XPS)对老化前后样品的官能团进行定量分析，并对老化后共聚 B-PPG 进行了 ^{1}H-NMR 表征。

5.4.3　B-PPG 老化前后 XPS 测试

B-PPG 老化前后 XPS 测试结果如图 5-13 所示。从图 5-13(a)和(b)可以看出，老化前均聚、共聚 B-PPG 的 XPS 谱图上都只有两个峰：结合能为 284.8eV 处和 287.7eV 处，分别对应 C—C 和—CONH$_2$；3 个月老化过后，均聚、共聚 B-PPG 的 XPS 谱图上明显多出两个新峰，结合能为 288.6eV 处和 286eV 处，如图 5-13(c)和

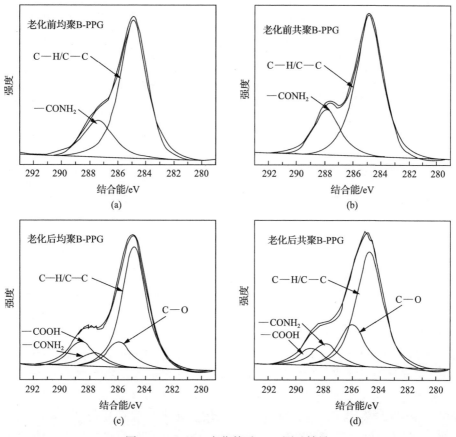

图 5-13　B-PPG 老化前后 XPS 测试结果

(d)所示。经分析可知，结合能为 288.6eV 处新峰归属于—COOH，表明老化过程中，有一定数目的—CONH$_2$ 水解成—COOH。另一处新峰位于结合能 286eV 处，应归属于C—O，这可能是C—C 在水溶液中老化断链形成的。

将 XPS 谱图各归属峰进行面积积分，可以计算出各基团的含量，结果列于表 5-2。由于—CONH$_2$ 在老化过程中水解成—COOH，所以均聚 B-PPG 和共聚 B-PPG 老化后—CONH$_2$ 的含量均明显降低。均聚 B-PPG 的—CONH$_2$ 的含量从 23.3%降低到 7.7%，下降幅度达 66.96%，而共聚 B-PPG 的—CONH$_2$ 含量从 24.5% 降低至 10.9%，下降幅度为 55.51%；且老化后均聚 B-PPG 的—COOH 的含量为 13.5%，而共聚 B-PPG 的—COOH 含量为 8.4%，低于均聚值。XPS 的测试结果说明，共聚 B-PPG 比均聚 B-PPG 具有更好的耐水解性能。

表 5-2　老化前后基团含量占比

样品	峰位置/eV	含量占比/%	归属峰
均聚 B-PPG	284.88	76.7	C—H/C—C
	287.42	23.3	—CONH$_2$
老化后均聚 B-PPG	284.83	65.6	C—H/C—C
	287.70	7.7	—CONH$_2$
	288.61	13.5	—COOH
	285.95	13.2	C—O
共聚 B-PPG	284.85	75.5	C—H/C—C
	287.85	24.5	—CONH$_2$
老化后共聚 B-PPG	284.81	60.2	C—H/C—C
	287.93	10.9	—CONH$_2$
	288.92	8.4	—COOH
	286.03	20.5	C—O

5.4.4　B-PPG 老化前后水解度

为了验证 XPS 对—CONH$_2$ 水解的测试结果，根据 GB/T 12005.6—1989，采用化学滴定法测试了老化前后均聚和共聚 B-PPG 样品的水解度。

水解度测试结果如表 5-3 所示，在高温高盐环境下老化 3 个月之后，均聚、共聚 B-PPG 均发生了一定程度的水解。均聚 B-PPG 的水解度从 15.3% 增加到 49.7%，共聚 B-PPG 的水解度从 13.2% 增加到 42.6%，即老化过程中，均聚物水解度增加了 34.4 个百分点，而共聚物仅水解度增加了 29.4 个百分点。由此可证实引入 DMAM 可以有效地抑制 B-PPG 的水解。

表 5-3　B-PPG 水解度测试结果　　　　　　　　（单位：%）

水解度 HD	老化前				老化后			
	测值 1	测值 2	测值 3	平均值	测值 1	测值 2	测值 3	平均值
均聚 B-PPG	15.4	15.2	15.4	15.3	49.5	49.7	50.0	49.7
共聚 B-PPG	12.8	13.2	13.7	13.2	43.3	42.5	42.1	42.6

5.4.5　AM-DMAM 共聚 B-PPG 老化前后 ^{1}H-NMR

图 5-14 所示为共聚单体 DMAM 的 ^{1}H-NMR 图谱，在化学位移 δ_d =3.1ppm 与 δ_d =2.9ppm 处峰强度和峰面积均相等的两个峰为 DMAM 上—N(CH$_3$)$_2$ 结构中两个甲基上的质子峰。对于 DMAM 分子，氮原子上的孤对电子和羰基发生了 p-π 共轭，使 C—N 键具有部分双键的性质，妨碍了 C—N 键的自由旋转，如图 5-15 所示，导致两个甲基氢的化学不等价，所以 DMAM 谱图上出现了两种甲基氢的信号。

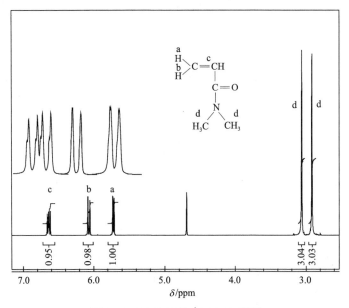

图 5-14　DMAM 的 ^{1}H-NMR 图谱

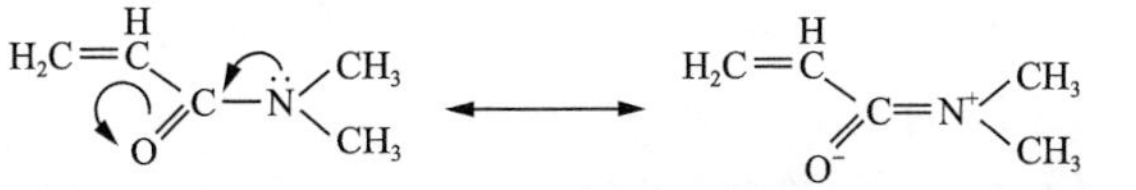

图 5-15　DMAM 的两种共振结构

图 5-16 为经提纯的老化后共聚物的 ^{1}H-NMR 图谱，在化学位移 δ_d =2.9ppm 和

δ_d =3.0ppm 处两个峰面积相等的峰对应—N(CH$_3$)$_2$结构中两个甲基上的质子峰，表明经过 3 个月的高温高盐条件的老化之后，共聚单体 DMAM 依然存在于共聚物的主链结构中。

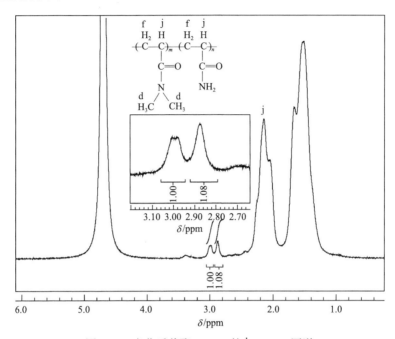

图 5-16　老化后共聚 B-PPG 的 ^{1}H-NMR 图谱

5.4.6　AM-DMAM 共聚 B-PPG 耐水解机制

通过以上 XPS 测试、水解度测试以及 ^{1}H-NMR 图谱可以证明，与均聚 B-PPG 相比，共聚单体 DMAM 的引入有效地抑制了 B-PPG 在高温高盐下的水解(图 5-17)，进一步提高了 B-PPG 的耐老化性能，这也间接证明了水解反应会对 B-PPG 的老化产生一定的影响。

基于以上的测试及表征结果，提出 B-PPG 在高温高盐条件下的耐老化机理。

(1)老化初期，部分交联点之间链段的断裂产生线型支化链，且最外层支化链首先从交联网络释放，可溶性组分增多，由于缺少交联网络的束缚，分子链能够较为自由地伸展，流体力学体积明显增大，导致表观黏度显著增加。经过相当长时间的老化后，交联网络逐渐解体，黏度逐渐降低。换言之，由于 B-PPG 独特的部分交联结构，与 HPAM 相比其断链进程被大大延缓。

(2)由于引入耐水解共聚单体 DMAM，老化三个月后，部分 DMAM 依然存在于 B-PPG 分子主链上，—CONH$_2$ 的邻基催化效应被 DMAM 有效抑制，—CONH$_2$ 在一定程度上得到保护，导致共聚 B-PPG 具有相对稳定的化学结构和更优的耐水解性能, 即当断链形成线型支化分子以后, B-PPG 和 HPAM 具有相同的水解机制。

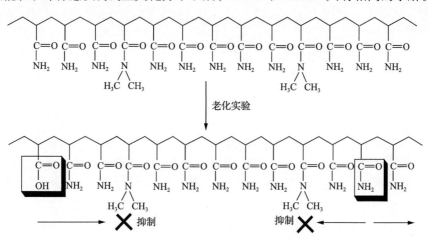

图 5-17　DMAM 抑制水解示意图

因此 B-PPG 不引入其他共聚单体, 依靠部分交联结构, 形成独特的耐老化机制, 大大延长了其在高温高盐条件下的老化降解的时间, 表现出比 HPAM 更优异的耐老化性能。

第6章 B-PPG工业化生产

6.1 引　言

黏弹性颗粒驱油剂 B-PPG 作为一种新型驱油剂，其研发的最终目的是进行工业化生产，得到合格的工业化产品，满足非均质油藏或聚驱后油藏现场应用，提高采收率。在前面的工作中，通过室内小试研究，采用动力学条件控制，已经实现了对模量和黏度的能动调节。通过流变性能、老化性能及渗流性能等测试筛选出最佳合成配方及工艺条件，并经过逐步放大生产，成功实现了 B-PPG 吨级工业化稳定生产，获得性能优异的 B-PPG 工业产品。

本章以室内研究成果为依据，指导工业化合成的实现和操作参数的确定。通过中试放大试验和工业化试生产的经验，提出一套成熟、稳定，适合于工业稳定生产的技术方案和工艺条件，在 10t 级釜式反应釜中成功实现 r-B-PPG 和 y-B-PPG 两类产品的工业化稳定生产，得到性能稳定且优异的工业产品，并对其黏弹性能、老化性能和滤过性能进行了系统的评价和表征。

6.2　实验部分

6.2.1　滤过性能实验

采用胜利油田自制的滤过性能评价装置研究 B-PPG 的滤过性能，如图 6-1 所示，

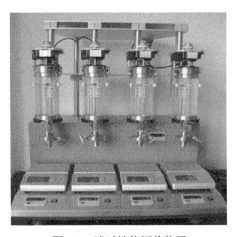

图 6-1　滤过性能评价装置

在容器中注入一定体积的 B-PPG 悬浮液，容器内的压力在实验过程中保持恒定，压力值在一定范围内可自行设定，在容器底部装有不锈钢滤网，在压力驱动下流体可通过滤网，流出液质量可通过天平精确测量，通过计算流速大小可研究评价不同压力、孔喉尺寸对不同粒径 B-PPG 的滤过能力的影响。

6.2.2　激光粒度测试

采用美国 Microtrac 公司 S3500 激光粒度仪，对 2000mg/L B-PPG 悬浮液进行粒径尺寸和分布测试，测试温度为 25℃。

6.3　聚合设备及生产流程

本章研究的 B-PPG 的工业化生产采用水溶液聚合的技术方案。生产设备如图 6-2 所示，整个聚合工艺流程包括原材料准备、聚合及聚合后处理三个部分。其中后处理包括造粒、干燥、粉碎和筛分。根据 PAM 工业化生产的经验以及 B-PPG 小试条件，确定 B-PPG 生产工艺流程，如图 6-3 所示。

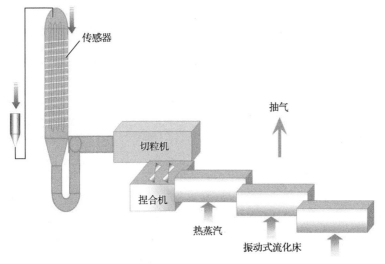

图 6-2　B-PPG 工业生产设备示意图

从生产工艺图可以看出，生产 B-PPG 的聚合工艺可叙述如下：定量的 AM 单体水溶液和小料在配料罐中混合均匀后，用液体泵打入反应釜中，使用高纯氮气将反应体系中的氧气排除，除氧完毕，加入引发剂，继续通入高纯氮气搅拌。开始聚合后，记录反应釜内温度，待反应釜中温度升至最高点，通入热蒸汽将釜中产物加热保温，之后压料，造粒，烘干，粉碎，包装。

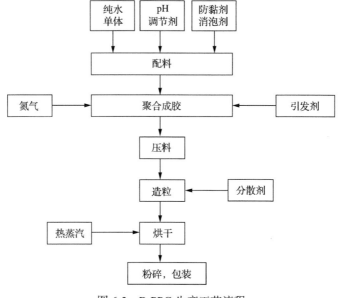

图 6-3　B-PPG 生产工艺流程

6.4　影响工业化生产稳定性因素分析

在进行工业化生产前，需要解决的工业原料单体的适应性问题、产品烘干工艺问题和 B-PPG 胶块在聚合反应釜内的黏壁和挂胶问题。

6.4.1　工业化生产原料的选择

实验室小试合成时，使用的是分析纯等级的原料和溶剂，价格昂贵，不能用于工业生产。大规模生产 B-PPG 需采用工业级原料和溶剂，这就涉及原料的来源选择和在室内采用选定的工业级原料进行小试，研究反应温升规律及温差及其对聚合反应和产品质量的影响，择优选出适合于工业化生产的原料。

分别采用 Z 厂的液体 AM 和 J 厂晶体 AM，以相同的聚合配方和工艺，小试合成 B-PPG 样品 A_1、A_2，与采用分析纯单体合成的 A_0 进行比较。聚合过程的温升曲线如图 6-4 所示，可以看到，A_2 反应稳定性较好，与 A_0 温升曲线基本重合，聚合温差达 60℃以上，而采用 Z 厂液体 AM 反应速率明显降低，且聚合反应温差只有 55℃。

表 6-1 为 A_0～A_2 3 个 B-PPG 样品的流变性能测试结果，可以看到，A_2-B-PPG 样品的弹性模量和黏度与 A_0 性能接近，而 A_1-B-PPG 样品的弹性模量明显增大，黏度下降明显。Z 厂的液体 AM 由于阻聚剂的存在，杂质含量高，聚合时降低了单体反应活性，易发生链转移反应，聚合过程中反应速率慢，温差减小。其聚合

产品交联度增加,黏度降低,所以 Z 厂的液体 AM 不能用于 B-PPG 的工业化生产,初步选择 J 厂晶体 AM 进行工业化生产。

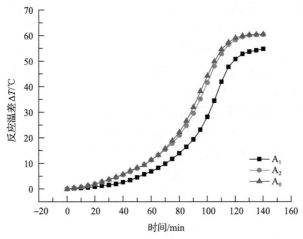

图 6-4　采用不同厂家单体进行 B-PPG 工业生产温升曲线

表 6-1　不同厂家单体合成 B-PPG 工业产品性能

样品	弹性模量/Pa	黏度/(mPa·s)
A_0-B-PPG	7.489	220.7
A_1-B-PPG	13.214	79.9
A_2-B-PPG	7.554	211.3

6 个月后,再次采用之前储备的 J 厂晶体 AM 进行聚合反应($4^{\#}$和 $5^{\#}$),发现反应稳定性变差,聚合反应温差小于 55℃,表明反应转化率不高,如图 6-5 所示。

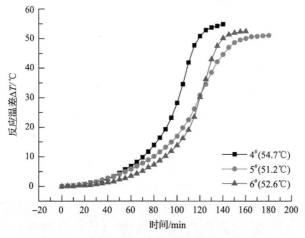

图 6-5　J 厂家单体合成 B-PPG 反应温差曲线

括号中的温度为反应温差,即反应达到的最高温度减去反应开始的温度,下同含义

研究发现晶体丙烯酰胺保质期较短，放置 6 个月，已超过了晶体 AM 的最佳反应保质期，部分丙烯酰胺结构已发生改变，导致聚合反应转化率低，反应速率慢，对产品性能也产生较大影响，已不能用作 B-PPG 工业化生产的单体。于是采购 J 厂于夏季刚刚生产的新鲜晶体 AM 进行聚合，如图 6-5 中 6#所示，反应温差只有 52.6℃，表明新鲜晶体 AM 反应转化率依然不高。夏季生产晶体 AM 时，生产厂家为了防止高温下单体自聚失效，在晶体 AM 中加入了过多的阻聚剂，致使单体活性降低，聚合速度慢且聚合反应后期的温差不能达到 60℃ 以上。因此，生产高质量的 B-PPG 不宜采用夏季生产的晶体 AM 单体为原料。

后来采用 B 厂生产的不含阻聚剂的液体 AM 用于 B-PPG 聚合生产，从聚合过程的温升曲线可以看出(图 6-6)，反应温差大于 60℃，且不同反应的温升曲线基本重合，表明 B 厂液体 AM 聚合转化率较高，聚合稳定性较好，结合产物流变测试结果(表 6-2)发现，采用 B 厂液体 AM 生产的 B-PPG 性能稳定，适合作为 B-PPG 工业化生产的单体。

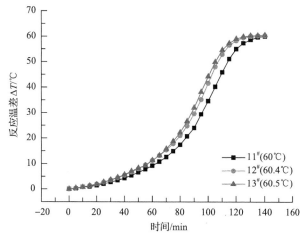

图 6-6 B 厂家单体合成 B-PPG 反应温差曲线

表 6-2 B 厂家单体合成 B-PPG 工业产品性能

反应	弹性模量/Pa	黏度/(mPa·s)
11#	13.66	13.38
12#	13.72	14.67
13#	13.62	13.54

综合考虑到晶体 AM 阻聚剂含量较多，且粉末对生产车间的污染等对大规模连续生产带来的不利因素，最终选择 B 厂液体 AM 作为 B-PPG 工业化生产的单体。如在冬天生产 B-PPG，也可采用 J 厂生产的新鲜晶体 AM 作为原料单体。

6.4.2　烘干条件的确定

烘干是工业生产过程中的重要工艺之一，直接影响工业产品的形态、性能、质量以及过程的能耗等。烘干通常是指将热量加于湿物料并去除挥发性湿分，从而获得一定固含量产品的过程。B-PPG 胶块造粒后，水分含量约为 70%，需经过进一步脱水干燥，然后粉碎制成粉末状，经筛分制成 B-PPG 工业产品。而在此过程中，可能发生残余单体的热聚合，由于残余引发剂的作用，主链或者侧链均有可能发生热分解和非控制性的聚合，致使分子间或分子内发生交联反应，因此干燥温度及干燥时间对 B-PPG 产品的各项性能都有很大的影响，需要确定适当的干燥条件，既能提高烘干效率，又不会对产品的性能造成较大的损害。

首先通过小试研究烘干条件对 B-PPG 性能的影响。

图 6-7 分别为在 70℃、90℃、110℃、130℃和 150℃条件下干燥 B-PPG 细小颗粒 3h 后产品形貌，可以看到随着烘干温度的提高，产品由白色逐渐变黄，推测其发生了不可控的交联或降解反应。对此样品溶液进行流变测试，结果如表 6-3 所示，很明显，随着烘干温度的升高，B-PPG 在 200μm 平板间距下弹性模量 G' 显著增加，黏度降低，表明在高温烘干过程中，B-PPG 分子发生严重的非控制交联反应，导致其交联度明显增大。但是这种交联往往不稳定，其悬浮液经历一段时间以后，模量下降非常快，由此带来模量的不可控和不稳定。

图 6-7　不同温度烘干 B-PPG 产品形貌（文后附彩图）

表 6-3　不同温度条件下烘干 B-PPG 的性能

参数	温度/℃				
	70	90	110	130	150
黏度/(mPa·s)	38.27	20.78	4.65	3.06	2.16
弹性模量/Pa	5.35	9.59	22.16	35.50	72.47

对此，首先利用实验室条件研究干燥温度、干燥时间与 B-PPG 交联程度的关系，掌握排除假交联的实验室烘干条件，然后对工业生产的 B-PPG 湿物料在不同

烘干条件下干燥，与实验室无损烘干产物的性能进行对比，得到烘干线各段温度最佳设定值，将假交联程度降到最低。

表 6-4 为实验室烘干条件对 B-PPG 样品的流变性能影响。细小的 B-PPG 胶粒在乙醇中脱水，于 70℃下烘干 0.5h 即可干燥完全，在该条件下样品历经的高温时间极短，不会产生非控制交联等副反应，烘干产品的性能为最佳。从表 6-4 数据可以发现，70℃烘干 4h 条件下，样品的弹性模量和黏度与乙醇处理样品性能几乎相同，表明在该烘干条件下 B-PPG 性能保持较好，基本无损失。随着烘干时间增长，产品弹性模量逐渐增大，黏度降低，说明烘干时间过长，B-PPG 分子非控制交联反应逐渐加剧，交联度增大。

表 6-4　不同烘干条件下烘干 B-PPG 的性能

烘干条件	弹性模量/Pa	黏度/(mPa·s)
乙醇，0.5h	7.475	77.95
70℃，4h	7.157	73.73
70℃，6h	9.757	51.42
70℃，8h	11.1	45.76
70℃，10h	15.2	39.75

B-PPG 分子中包含的反应性基团主要有酰胺基—$CONH_2$、羧基—COOH 和次甲基叔碳氢 C—H，导致 B-PPG 在一定条件下易于进一步发生非控制交联。

研究表明，引发剂中含有的过硫酸钾，在 78℃聚合时会产生相当数量的支化结构，因此采用过硫酸钾作为引发剂时，在聚丙烯酰胺干燥过程中，残余的过硫酸钾会与叔碳氢 C—H 反应产生自由基，分子链间发生自由基偶合反应导致聚合物链交联，这种通过自由基产生的非控制性的交联反应一般可控性较差，对产品性能的影响不可忽视。

此外，酰胺基—$CONH_2$ 是一个较活泼的官能团，可以发生多种反应，导致分子内或分子间的交联反应。其中酰亚胺化是一个很重要的反应，不需要加入其他化学试剂。分子内的酰亚胺化生成环状结构，使分子链的刚性增加；分子间的酰亚胺化将导致分子内和分子间产生交联反应，如图 6-8 所示。

在烘干过程中，当水分减少到一定程度时，胶粒内酰胺基浓度增大，分子间发生酰亚胺化反应的概率大大提高，交联加剧。但酰亚胺化反应是可逆反应，在碱性条件下酰亚胺基团会发生水解反应导致解交联。因此，由亚酰胺化反应产生的"假交联"结构在老化过程中降解较快，极大地影响了 B-PPG 悬浮液性能的稳定性。利用小试烘干条件可以得到无假交联 B-PPG 样品的模量，与工业烘干比较即可确定工业产品的烘干温度。

烘干温度过高或烘干时间太长往往是导致产生非控制交联的另一个原因。这

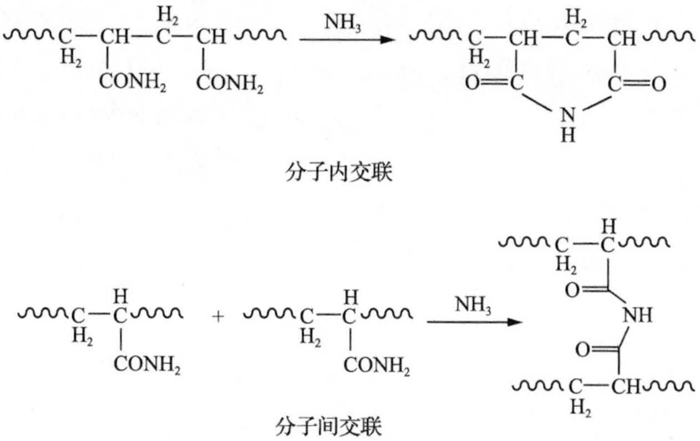

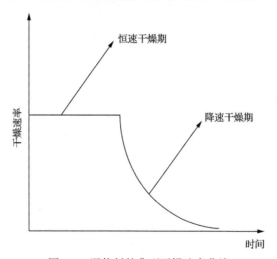

分子内交联

分子间交联

图 6-8　B-PPG 酰胺基间反应类型

一方面在工业生产中需保证干燥器物料床层温度不宜过高，避免因干燥器有死角或黏床现象发生而导致局部过热，引起交联反应。另一方面，干燥温度过低会导致干燥时间延长，干燥效率降低，引起湿胶粒堆积，影响正常工业生产。

图 6-9 定性地描述了湿物料的典型干燥速率曲线。可以明显看到，当对湿物料进行热力干燥时，两种过程相继发生，并先后控制干燥速率。

恒速干燥期

降速干燥期

干燥速率

时间

图 6-9　湿物料的典型干燥速率曲线

首先在干燥的初始阶段，热量从周围环境传递至物料表面，水分以蒸汽形式从物料表面排除，伴随热传递，故强化传热可加速干燥。该过程的速率取决于温度、湿度和空气流速、物料表面积等外部条件，故称为外部条件控制过程，也称恒速干燥过程。在该阶段干燥速率是常数，控制烘干速率的是水蒸气穿过湿分界面-空气的扩散。当物料平均湿含量达到临界湿含量时，进一步干燥会使物料表面出现干点，预示着进入第二干燥阶段。

　　当物料表面的自由水分较少时，热量传递至湿物料后，物料开始升温并在内部形成温度梯度，使热量从物料外部传入内部，而湿分从物料内部向表面迁移，随之再发生表面蒸发。由于物料内部湿分的迁移是物料性质、温度和湿含量的函数，因此该过程称为内部条件控制过程，也称为降速干燥过程。

　　经过中试生产和工业化试生产，实验室小试与吨级生产的差异逐渐显现出来。吨级生产采用振动式流化床结构的干燥器，对产品进行三段干燥，如图 6-10 所示。

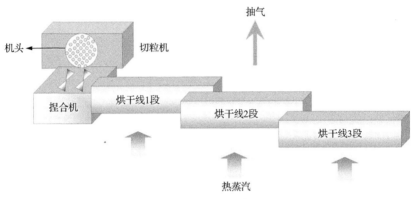

图 6-10　振动式流化床结构示意图

　　由于总的烘干线长度不变，只能通过调节机头孔径尺寸、切粒机转速、走料速度以及各段烘干线温度来控制湿料粒径尺寸、床层厚度和烘干效率，以达到与小试烘干相同的效果。

　　当湿料经过烘干线 1 段和 2 段后，B-PPG 胶粒含水量由 70% 降至 30%～40%，B-PPG 胶粒经过前两段烘干线时走料速度较快，含水量较高，物料表面自由水主要以水蒸气形式挥发，伴随热传递，因此物料表面温度不会太高。从烘干线 2 段出来的物料，表面出现干点，可认为烘干线 1 段和 2 段为恒速干燥期。在该阶段，温度对 B-PPG 性能影响较小，因此适当增加第 1 段和第 2 段烘干线温度，可提高烘干线整体干燥效率。到烘干线 3 段时，进入降速干燥期，走料速度减慢，胶粒含水量较低，干燥速率受到湿物料内部水分子的扩散控制，而该阶段 B-PPG 对温度的影响变得敏感，通过控制烘干条件可以在一定范围内对 B-PPG 产品的性能进行有效的调整。

　　考虑到工厂的生产效益与烘干设备，B-PPG 工业产品的干燥条件不可能与实验室烘干条件完全一样。但是利用小试烘干条件得到无假交联 B-PPG 样品的模量并与烘干线干燥样品比较，根据样品模量要求对工厂烘干线三段的前后床层温度、蒸汽压力和设备参数等进行调整实验，方案如表 6-5 所示。

　　按照如表 6-5 所示三种方案烘干同一样品，B-PPG 的流变测试结果如表 6-6 所示，可以看到，烘干线 3 段温度的微调，对 B-PPG 的性能产生明显的影响。烘

表 6-5　不同烘干方案参数设置

工业生产烘干方案	烘干线 1 段		烘干线 2 段		烘干线 3 段	
	前段床层温度/℃	后段床层温度/℃	温度/℃	蒸汽压力/MPa	前段床层温度/℃	后段床层温度/℃
G1#	130	130	125	5	100	100
G2#	130	130	125	5	90	90
G3#	130	130	125	5	90	80

表 6-6　工业烘干参数对 B-PPG 性能影响

样品	弹性模量/Pa	黏度/(mPa·s)
G1#	16.02	13.24
G2#	14.85	17.61
G3#	13.72	20.62

干温度升高，B-PPG 交联度增大，弹性模量增大，黏度降低。因此，烘干方案 3 最适用于 B-PPG 的工业化干燥，将 B-PPG 工业化生产干燥器参数设置如下：烘干线 1 段前段、后床层温度均为 130℃；烘干线 2 段温度设置为 125℃，蒸汽压力为 5MPa；烘干线 3 段前段、后床层温度为 90℃、80℃。

6.4.3　B-PPG 防黏处理

B-PPG 聚合胶块在金属反应釜壁有很强的黏着力，若不进行特殊处理，胶块会附着在反应釜内壁上，甚至挂在温度传感器探头保护套上，不仅影响后续正常的工业化生产，而且会严重影响对引发温度和聚合过程温度的判断，造成工业生产事故。

目前，根据国内外对金属反应釜的研究发现，处理黏壁和挂胶采取的主要措施有：

(1)添加内衬，该方法效用持久，但成本极高。

(2)喷涂防黏膜，该方法效用持久，且成本不高，但是对喷涂的工艺条件及防黏膜的要求较为苛刻。

(3)喷涂润滑油：该方法简单，成本不高，但是有效期短，且润滑油可能会与聚合配方中的某些成分作用，从内壁脱落，造成内壁润滑程度不均。

(4)配方中添加防黏剂：该方法简单，成本较低，且对聚合反应无影响。

综合考虑目前 B-PPG 的工业化生产设备及 B-PPG 聚合配方和工艺，选择在聚合配方中添加防黏剂 Tween 80 来解决胶块黏壁和挂胶的问题。之所以选择 Tween 80 作为 B-PPG 聚合反应的防黏剂，主要是因为 Tween 80 对 B-PPG 的聚合反应是惰性的，在反应过程中有较好的热稳定性、化学稳定性和耐碱性；其与金属表面有良好的黏着力,疏水性较好导致 B-PPG 胶块在其表面不容易黏结。B-PPG 中试生产和工业化试生产证实,在金属反应釜内聚合 B-PPG,采用 Tween 80 作为防黏剂取得了良好的防黏效果。

6.4.4　功能单体 PA 的加入方式

B-PPG 部分交联部分支化的结构除了得益于独特的动力学因素的控制外,最重要的是使用了功能单体 PA,且 PA 的用量对 B-PPG 聚合过程及产品的性能影响极其敏感。

B-PPG 中试生产时,PA 单体与丙烯酰胺单体、其他小料一起混合均匀后,被配料釜真空吸入,相同配方和工艺条件下,聚合过程却不相同,如图 6-11 所示,产品的性能也有差异。分析各种影响因素得知,由于 PA 单体挥发性较大,其与 AM 单体溶液混合后被真空吸入配料釜的过程中,随着体系压力减小,PA 沸点降低,部分 PA 挥发,每次工业生产时 PA 挥发量难以控制,导致 B-PPG 的中试生产稳定性较差。

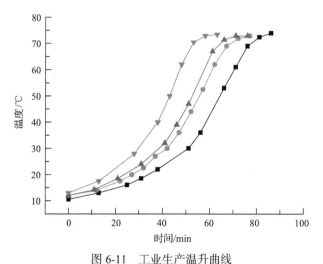

图 6-11　工业生产温升曲线

四个实验配方完全相同,为平行实验,但温升曲线不同,表明 PA 加料方式存在弊端

为保证 B-PPG 工业化生产能够稳定地进行,经过反复试验,采用 PA 常压加入或加压输送,即可保证 PA 在工业生产时用量的稳定性。该措施在 B-PPG 工业化生产中取得了显著成效。

6.5　B-PPG 工业化生产稳定性研究

B-PPG 的合成经过小试研究、中试生产等逐级放大试验,证明 B-PPG 工业生产技术成熟可行，具有工业化生产的可行性。前期对工业级单体的选择、烘干条件的确定、防黏问题的处理和 PA 单体的加入方式等系统研究为 B-PPG 工业化生产的稳定性奠定了良好的基础。

　　B-PPG 工业化生产规模为 6t/釜，溶液浓度为 23%，反应液 pH 为 9，反应起始温度为(12±1)℃。

　　首先研究 y-B-PPG 工业化生产稳定性，将工业样品 1#~3#反应过程的温度随时间变化绘制成温升曲线，如图 6-12 所示，可以看出，相同配方和工艺条件下，反应的温升曲线基本重合，表明反应过程重现性较好。这三釜 B-PPG 工业化产品的流变性能测试结果进一步证实(表 6-7)，不仅同一釜生产不同袋数的 B-PPG 性能优异、稳定，而且不同釜不同袋数的 B-PPG 工业品性能也很稳定，表明 y-B-PPG 在现有生产设备和烘干条件下，生产过程及产品稳定性均较好，适合工业化生产。

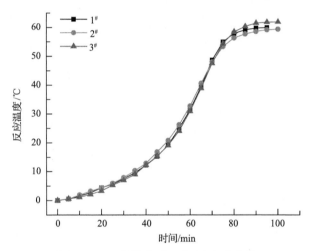

图 6-12　工业样品 1#~3#反应温升曲线

表 6-7　工业样品 1#~3#产品性能

y-B-PPG 的工业化生产	反应温升/℃	袋数	弹性模量/Pa	黏度/(mPa·s)
工业样品 1#	61.7	30	13.28	13.52
		40	13.72	12.91
		50	14.02	12.17
工业样品 2#	59.3	30	13.78	12.59
		40	14.58	10.50
		50	13.24	13.84
工业样品 3#	61.9	30	12.68	12.88
		40	14.85	12.01
		50	14.23	12.13

图 6-13 及表 6-8 为 r-B-PPG 工业化生产温升曲线及产品性能，可以看到，r-B-PPG 配方的工业化生产温升曲线重合性较好，且同一釜不同袋数及不同釜不同袋数的 B-PPG 工业产品性能优异，稳定性很好。

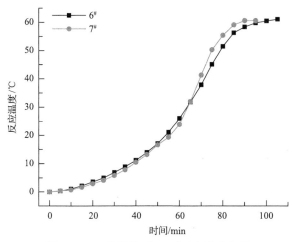

图 6-13　工业样品 6#、7#反应温升曲线

表 6-8　工业样品 6#和 7#产品性能

r-B-PPG 的工业化生成	反应温升/℃	弹性模量/Pa	黏度/(mPa·s)
		2.64	82.3
工业样品 6#	61.1	2.75	81.9
		2.70	83.4
		2.47	85.1
工业样品 7#	60.6	2.51	86.4
		2.55	85.7

因此，在现有生产设备条件下可以实现性能达标的 y-B-PPG 和 r-B-PPG 稳定的工业化生产。

6.6　B-PPG 工业产品的性能测试

6.6.1　流变黏弹性能

分别选择 r-B-PPG 和 y-B-PPG 不同粒径的工业样品，模拟胜利油田不同油藏条件，测试其悬浮液的黏弹性能，结果如表 6-9 所示，很明显，随着粒径增加，200μm 平板间距下弹性模量显著增加，且黏度也呈增加趋势。粒径增大，流体力学体积明显增大，且溶胀颗粒之间摩擦阻力增加，流动阻力升高，因此黏度随粒径增加而增大。比较相同样品在不同油藏条件下的流变性能可以发现，r-B-PPG 和 y-B-PPG 对不同油藏条件敏感性较低，在矿化度为 30000mg/L、85℃，矿化度为 6666mg/L、70℃下，弹性模量和黏度变化极小，表现出 B-PPG 独特的稳定性。

表 6-9　工业 B-PPG 样品在不同油藏条件下性能

B-PPG 工业产品	粒径目数	油藏条件 1：矿化度 30000mg/L、85℃			油藏条件 2：矿化度 6666mg/L、70℃		
		弹性模量/Pa	黏性模量/Pa	黏度/(mPa·s)	弹性模量/Pa	黏性模量/Pa	黏度/(mPa·s)
r-B-PPG	30～50	15.02	3.90	136.55	13.67	3.26	172.90
	50～70	9.41	3.02	99.39	7.94	3.18	92.81
	70～100	5.58	2.52	92.28	4.99	2.39	85.16
	100～150	2.40	1.51	79.29	2.35	1.59	82.72
y-B-PPG	30～50	82.43	13.22	93.24	89.62	13.83	96.07
	50～70	78.77	12.66	19.41	71.89	13.66	18.90
	70～100	51.66	8.90	8.53	44.89	10.81	8.70
	100～150	15.40	6.31	6.03	13.69	5.46	7.67

6.6.2　老化性能

分别选择 r-B-PPG 和 y-B-PPG 粒径为 100～150 目的工业样品，在 30000mg/L 矿化度盐水中，B-PPG 浓度为 5000mg/L，除氧老化三个月，测试结果如表 6-10 所示。随着老化时间增加，敏感参数弹性模量 G' 在短时间内下降明显。敏感性参数是在 B-PPG 溶胀颗粒被压缩的情况下所测的，在高温高盐老化初期，B-PPG 颗粒溶胀明显，颗粒的交联密度降低，网络结构"变软"，因此测得的 G' 下降明显。由于敏感性参数是在特定平板间距和特定温度下，一定粒径的颗粒在溶胀平衡时对 B-PPG 自身交联程度的度量，而在老化初期 B-PPG 部分交联点断裂导致整体流体力学体积增大，B-PPG 溶胀颗粒粒径增大；老化后期 B-PPG 交联网络逐渐瓦解，流体力学体积变小，B-PPG 颗粒粒径变小，即在老化过程中，B-PPG 颗粒粒

表 6-10　工业 B-PPG 样品老化过程中性能变化

时间/天	r-B-PPG		y-B-PPG	
	弹性模量/Pa	黏度/(mPa·s)	弹性模量/Pa	黏度/(mPa·s)
0	2.40	79.29	15.40	6.03
1	0.87	125.30	7.14	19.80
3	0.61	147.80	5.83	31.41
7	1.36	159.50	5.98	48.80
15	1.22	160.25	4.41	93.05
30	1.37	156.79	0.87	202.89
90	1.13	112.25	1.29	174.21

径处于动态变化中,特定平板间距下测得的敏感性参数 G' 不能作为衡量 B-PPG 耐老化性能优异的评价标准,然而 1000μm 平板间距下测得的黏度是对 B-PPG 悬浮液整体流动阻力的度量,适合作为评价 B-PPG 耐老化性能的标准。

将老化三个月过程中黏度的变化作图,如图 6-14 所示,r-B-PPG 和 y-B-PPG 在老化期间均呈现黏度先增加后降低的现象,符合 B-PPG 老化过程中独特的增黏特点。r-B-PPG 在老化 15 天后黏度达到最大,继而降低,老化 90 天,黏度为 112.25mPa·s,黏度保持率达 141.57%,耐老化效果显著。而 y-B-PPG 的老化降解更为缓慢,老化 30 天后,y-B-PPG 的黏度达到峰值,然后缓慢降低,老化 90 天时,y-B-PPG 黏度高达 174.21mPa·s,不仅远大于其初始黏度,而且明显高于同等条件下 r-B-PPG 的黏度,表现出更突出的耐老化特性。

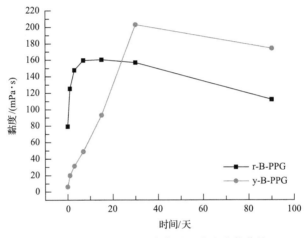

图 6-14　工业 B-PPG 老化过程黏度变化曲线

6.6.3　B-PPG 滤过性能

B-PPG 悬浮液中细小的交联溶胀颗粒,对油藏孔喉有特殊的封堵能力,这种能力赋予 B-PPG 独特的流动机理、液流转向能力和微观驱油机理。采用滤过性能评价装置,结合激光粒度仪,研究 B-PPG 的变形能力和封堵效果,对 B-PPG 的滤过能力、颗粒尺寸与岩心孔喉配伍关系进行研究。

聚合物溶液过滤因子即过滤比,是评价聚合物溶液性能的一项重要指标,过滤因子能够反映聚合物溶液中少量不溶物对岩石堵塞程度的大小。过滤因子测量时,对样品液体施加 0.2MPa 压力,通过 3.0μm 微孔滤膜;若设 Fa 为过滤因子,T_1 为滤出 100mL 样品液体的时间,T_2 为滤出 200mL 样品液体的时间,T_3 为滤出 300mL 样品液体的时间,则 Fa=$(T_3-T_2)/(T_2-T_1)$。

对于黏弹性颗粒驱油剂 B-PPG,由于其具有部分交联、部分支化的结构,溶于水后呈非均相,存在大量溶胀颗粒。当溶胀 B-PPG 颗粒大小、滤膜孔径、施加压力三者不匹配时，颗粒会对滤膜产生封堵作用，无法计算 Fa。此外，在一定压力条件下，B-PPG 颗粒可以变形通过孔喉，这也与线型聚合物溶液有较大的不同。因此，依靠过滤因子 Fa 来评价 B-PPG 与地层岩心孔喉配伍关系已不适用。需要针对 B-PPG 的特性，建立新的评价方法，并制订测试标准。

为了单独考查粒径、压力与孔喉的配伍关系，排除颗粒累积效应的影响，升压测试过程中，滤膜及待测液均需更新。分别采用孔径为 25μm、75μm 和 100μm 的三种滤膜，对测试样品逐步施加压力：0.01MPa、0.02MPa、0.05MPa、0.10MPa、0.15MPa、0.20MPa、0.25MPa。若样品不能快速完全通过滤膜，需保证测试时间 $t \geqslant 10min$。同时，对采集的滤液进行粒度分析，以粒径中值数值作为颗粒尺寸的大小。

滤过测试之前，将 100~150 目干粉 r-B-PPG 和 y-B-PPG 在矿化度为 30000mg/L 盐水中配制成浓度为 2000mg/L 的悬浮液，在 25℃溶胀平衡时测得粒径中值为 440~460μm。采用 r-B-PPG 和 y-B-PPG（100~150 目配制，浓度：2000mg/L；矿化度：30000mg/L）分别进行了连续滤过实验，测试过滤实验中的平均流量和滤液的粒径中值，如表 6-11 和表 6-12 所示。

表 6-11　y-B-PPG 滤过性能测试结果

y-B-PPG		不同压力下的滤过性能测试参数						
滤膜孔径/μm	测试参数	0.01MPa	0.02MPa	0.05MPa	0.10MPa	0.15MPa	0.20MPa	0.25MPa
25	平均流量/(mL/s)	0.015	0.014	0.019	0.017	0.022	0.021	0.039
	粒径中值/μm	1.4	1.434	275.1	348.4	1554	466.3	443.3
75	平均流量/(mL/s)	0.044	0.047	0.077	0.153	0.718		
	粒径中值/μm	381.5	434.1	473.8	474.5	462.6		
100	平均流量/(mL/s)	0.122	0.582	1.563				
	粒径中值/μm	445.1	462.8	465				

表 6-12　r-B-PPG 滤过性能测试结果

r-B-PPG		不同压力下的滤过性能测试参数						
滤膜孔径/μm	测试参数	0.01MPa	0.02MPa	0.05MPa	0.10MPa	0.15MPa	0.20MPa	0.25MPa
25	平均流量/(mL/s)	0.008	0.006	0.007	0.016	0.033	0.054	0.110
	粒径中值/μm	1.209	0.73	2.106	334.5	358.9	368.3	344.7
75	平均流量/(mL/s)	0.027	0.046	0.142	0.579	10.345		
	粒径中值/μm	370.6	443.7	448.7	1713	1690		
100	平均流量/(mL/s)	0.206	0.339	3.797				
	粒径中值/μm	402.4	467.6	458.7				

根据颗粒封堵微孔滤膜经典理论可知，如图 6-15 所示，当三个颗粒恰好与微孔相切时，$r=0.46R$。当颗粒半径 r 大于微孔半径 R 时，微孔容易被颗粒封住，在滤膜上形成滤饼。当 $0.46R<r<R$ 时，一般情况下由于颗粒在微孔内不能形成达到力平衡的架桥，不发生微孔封堵。当 $r<0.46R$ 时，颗粒可能由于架桥在微孔中封堵。

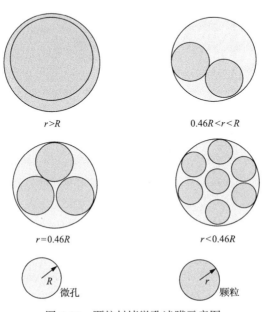

图 6-15　颗粒封堵微孔滤膜示意图

本实验中 B-PPG 溶胀颗粒粒径为 440～460μm，远大于滤膜孔径，满足条件 $r>R$，理应产生封堵，在滤膜上形成滤饼。然而，通过测试结果看，很多条件下 B-PPG 可以快速通过滤膜并且保持颗粒尺寸不变，这是因为 B-PPG 溶胀颗粒不是刚性粒子，在一定压力下可以通过自身变形、压缩通过滤膜。而 B-PPG 悬浮液的滤过性能受颗粒自身软硬、滤过压力、滤膜孔径等因素的影响，诸多因素造成 B-PPG 的滤过性能测试结果极其复杂，通过表 6-11 和表 6-12 中数据可以发现，有的悬浮液可快速通过滤膜且保持颗粒完整，有的快速通过滤膜但 B-PPG 颗粒破碎，还有的 B-PPG 悬浮液在特定条件下无法通过滤膜。为方便判断 B-PPG 的滤过性能，针对以上不同滤过结果，建立了简易的滤过模型，主要分为四类：无法通过、变形通过、破碎通过以及无阻通过，具体判断标准如表 6-13 所示。

从表 6-11 和表 6-12 中还可以看到，部分滤过条件下，所得滤液颗粒的粒径中值超过 1500μm，远大于 B-PPG 起始粒径中值（440～460μm），分析可能是由于颗粒自身软硬、滤过压力和滤膜孔径不匹配；测试条件下，B-PPG 溶胀颗粒无法快速通过滤膜，在高压剪切作用下，B-PPG 部分交联键被破坏，由于缺少网络结构的束缚，分子链能够较为自由地伸展，流体力学体积明显增大，导致表观黏度显著增加，该过程如图 6-16 所示。

表 6-13　B-PPG 滤过性能评价标准

平均流量 F/(mL/s)	粒径中值保留率/%	现象	类型
$F \leqslant 0.1$	$\geqslant 80$	颗粒完整不通过	无法通过
	< 80	颗粒破碎不通过	无法通过
$0.1 < F < 1$	$\geqslant 80$	颗粒完整勉强通过	变形通过
	< 80	颗粒破碎勉强通过	破碎通过
$F \geqslant 1$	$\geqslant 80$	颗粒完整快速通过	无阻通过
	< 80	颗粒破碎快速通过	破碎通过

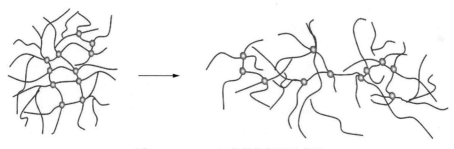

图 6-16　B-PPG 网络结构舒展示意图

第7章 非均相复合驱油体系各组分相互作用研究

7.1 引　言

根据提高采收率原理，提高原油采收率有两种途径：扩大波及体积和提高洗油效率。扩大波及体积既是提高采收率的一种有效途径，同时也是表面活性剂类物质发挥最佳洗油效果的保障。岩心实验表明，新型黏弹性颗粒驱油剂(B-PPG)驱能够迅速使液流转向，极大程度地扩大波及体积，而且由于黏弹性颗粒驱油剂颗粒在压力驱动下，在地层中不断重复堆积—封堵—变形—通过的过程，其对剖面的调整持续时间长。微观驱油实验也同样表明，聚合物的波及能力有限；复合驱虽然不能进一步扩大波及体积，但由于表面活性剂的洗油能力，波及的区域洗油效果非常显著；与聚合物驱和复合驱相比，黏弹性颗粒驱油剂驱波及程度非常高，未涉及的区域极少；且在聚合物驱后黏弹性颗粒驱油剂能够控制已经形成的优势通道，发生液流转向，充分扩大波及体积，重新分布剩余油；但由于缺乏洗油能力，其提高采收率程度并不高。因此，考虑将两种体系相结合，形成由 B-PPG、表面活性剂、聚合物三相组成的非均相复合驱油体系，利用 B-PPG 突出的剖面调整能力，充分改善地层的非均质性；非均质性的改善，保证了复合驱油体系洗油能力的发挥；非均质性的充分改善和洗油效果的充分发挥，使驱油效果最佳。

体系由多组分构成，体系各组分间的相互作用是否对体系的协同效应产生影响尚不明确，因此，通过多种研究手段开展了非均相复合驱油体系各组分相互作用的研究工作。

7.2　复配体系在溶液中的相互作用

为对聚合物复配体系进行研究，使用两种矿化水分别配制了聚合物与黏弹性颗粒总浓度为 1500mg/L 的聚合物复配体系。复配时以驱油聚合物 HPAM、AP-P5 为主要组分，加入少量黏弹性凝胶颗粒 B-PPG。恒聚 HPAM 与 B-PPG 复配标记为 H-X(矿化度 19334mg/L 和 32868mg/L 下分别标记为 19H-X 和 32H-X)，AP-P5 与 B-PPG 复配标记为 A-X(矿化度 19334mg/L 和 32868mg/L 下分别标记为 19A-X 和 32A-X)，各样品中聚合物和 B-PPG 含量分别如表 7-1 所示。

表 7-1　各样品中聚合物和 B-PPG 含量　　　　（单位：mg/L）

标号 X	聚合物含量	B-PPG 含量
1	1500	0
2	1375	125
3	1250	250

采用共振光散射、动态光散射和拉曼光谱测试对驱油聚合物与黏弹性颗粒复合体系溶液的聚集性质进行研究。

7.2.1　共振光散射

在光学中，散射就是由于介质中存在的微小粒子（异质体）或者分子对光的作用，使光束偏离原来的传播方向而向四周传播的现象。当介质中粒子的直径 $d \leqslant 0.05\lambda_0$（其中 λ_0 为入射波长），产生以瑞利散射为主的分子散射。在各向同性的均匀介质中，在远离分子吸收带处的散射光强度 I 与入射光波长的 4 次方成反比，即遵循瑞利散射定律：$I \propto 1/\lambda^4$。实际上所有的吸收过程都与光散射紧密相连，总有少量被吸收的光又以光散射的形式发射出来，当入射光波长位于或接近分子的吸收带时，由于电子吸收电磁波的频率与散射光的频率相同，电子因共振而强烈吸收散射光的能量再次发生散射，其散射强度较简单的瑞利散射提高几个数量级，此时散射不再遵从瑞利定律，这种现象称为共振光散射或共振光增强的瑞利散射或共振瑞利散射（RRS）。

理论上，假设溶液中的聚集体是球形的，在理想情况下，即假设粒子的尺寸（直径 d）相对于光的波长很小，并且聚集体的折光率 n_{sph} 与介质的折光率 n_{med} 的比值（$m=n_{sph}/n_{med}$）不是很大，定义从入射光散射的能量（在所有方向）与入射光强度的比值 m 称为散射截面比（C_{sca}）。当仪器常数固定后，光散射的强度正比于散射截面积：

$$C_{sca} = \pi r^2 \frac{8}{3} \chi^4 \left(\frac{m^2 - 1}{m^2 + 2} \right)^2$$

式中，r 为聚集体的半径；m 为聚集体的折光率与介质的折光率的比值；χ 为尺寸参数，$\chi = 2\pi r n_{med}/\lambda$。可以看出，散射强度直接正比于每个聚集体的尺寸大小，聚集体的尺寸越大，共振光散射信号越强。

共振光散射光谱是利用 Hitachi F-4500 型荧光分光光谱仪（日本日立公司）进行测试得到的。测定参数如下：狭缝宽度（ex/em）为 5nm/5nm，激发与发射谱在 200～600nm 波长范围内进行同步扫描，即 $\lambda_{ex}=\lambda_{em}$（$\Delta\lambda=0$nm），其中，$\lambda_{ex}$ 和 λ_{em} 分别为激发波长和发射波长。然后在最大共振散射光谱峰（λ_{max}）处得出散射光强度（I）和时间空白的散射光强度（I_0），所以共振光散射强度 $I_{rls}=I-I_0$。利用共振光散射可以研究聚合物聚集形态,不同结构的驱油聚合物聚集态的散射强度不同。

降解前各体系在初始时的共振光散射图谱如图 7-1 所示,从图中可以看出,各复配体系的共振光散射强度在 280nm 处,因此在数据处理中以 280nm 处光强进行对比即可对各体系共振光散射特征进行对比。

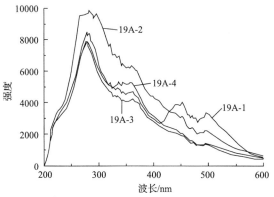

(a) 矿化度19334mg/L下AP-P5与B-PPG复配体系

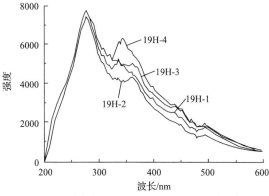

(b) 矿化度19334mg/L下HPAM与B-PPG复配体系

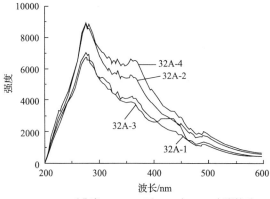

(c) 矿化度32868mg/L下AP-P5与B-PPG复配体系

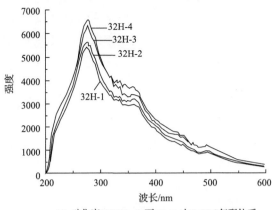

(d) 矿化度32868mg/L下HPAM与B-PPG复配体系

图 7-1　降解前各体系在初始时的共振光散射图谱

1. AP-P5 与 B-PPG 复配体系

降解时间对 19A-X 复配体系共振光散射强度的影响如图 7-2 所示。从图中可以看出，在降解时间为 0h 时，随着 B-PPG 用量的增加，AP-P5 用量的减少，从 19A-1 到 19A-4 共振光散射强度并非一味降低或升高，而是表现出一定的波动，且以 19A-2 为最大，但到 240h 时 19A-2 体系共振光散射强度则降低到与 19A-3 强度相近，且加入 B-PPG 的体系共振光散射强度要低于单纯的 AP-P5，这意味着加入 B-PPG 后聚合物复配体系分子聚集体尺寸降低。这是由于 B-PPG 相对于 AP-P5 而言具有更强的网络结构，分子量远远低于 AP-P5，从而使保持聚合物总量情况下 B-PPG 加入对 AP-P5 无改善作用，其原因在于分子尺寸的降低往往意味着黏度的降低。这点由后面的黏弹性与黏度测试结果即可说明。

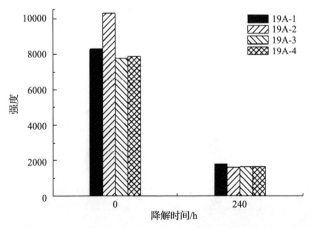

图 7-2　45℃下降解时间对 19A-X 复配体系共振光散射强度的影响

　　同时从图 7-2 可以看出，随着降解时间的延长，各聚合物复配体系共振光散射强度大幅降低，这充分反映出聚合物分子聚集体尺寸的大幅降低，进一步导致黏度的降低，即复合体系抗老化较差。

　　降解温度对 AP-P5 与 B-PPG 复配体系（以 19A-X 体系为例）共振光散射强度的影响如图 7-3 所示。从图中可以看出，随着温度的升高各复配体系共振光散射强度表现为先增后降，在 55℃下达到最大，这可能是由于略微升高温度会利于 AP-P5 与 B-PPG 更好地发生相互作用，而温度升高过大则会导致分子运动过度从而增加分子间相互作用的难度，反而不利于 AP-P5 与 B-PPG 复配。

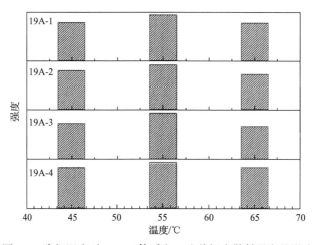

图 7-3　降解温度对 19A-X 体系（240h）共振光散射强度的影响

　　矿化度对 AP-P5 与 B-PPG 复配体系共振光散射强度的影响如图 7-4 所示。从图中可以看出，随着矿化度的增大，共振光散射强度略有降低但幅度不大，这表明复配体系具有较好的抗盐性。

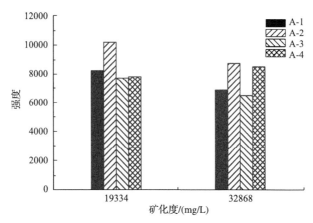

图 7-4　矿化度对 AP-P5 与 B-PPG 复配体系共振光散射强度的影响

2. 恒聚 HPAM 与 B-PPG 复配体系

降解时间对 19H-X 体系共振光散射强度的影响如图 7-5 所示。从图中可以看出，在降解时间为 0h 时，随着 B-PPG 用量的增加，HPAM 用量的减少，从 19H-1 到 19H-4 共振光散射强度并非一味降低或升高，而是表现出一定的波动，且以 19H-3 为大，但到 240h 时 19H-2 体系共振光散射强度则降低到与其他体系强度相近。

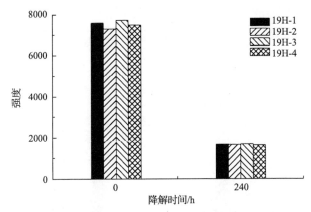

图 7-5　45℃下降解时间对 19H-X 复配体系共振光散射强度的影响

同时，从图中可以看出，随着降解时间的延长各聚合物复配体系共振光散射强度大幅降低，这充分反映出聚合物分子聚集体尺寸的大幅降低，进一步导致黏度的降低，即复合体系抗老化较差。

降解温度对 HPAM 与 B-PPG 复配体系共振光散射强度的影响如图 7-6 所示。

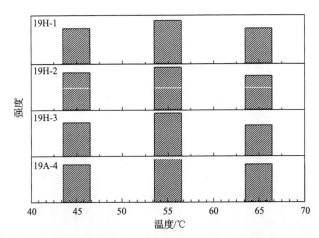

图 7-6　降解温度对 19H-X 体系(240h)共振光散射强度的影响

从图中可以看出，随着温度的升高各复配体系共振光散射强度表现为先增后降，在 55℃下达到最大，这可能是略微升高温度会利于 HPAM 与 B-PPG 更好地发生相互作用，而温度升高过大则会导致分子运动过度，从而增加分子间相互作用的难度，反而不利于 HPAM 与 B-PPG 复配。

矿化度对 HPAM 与 B-PPG 复配体系共振光散射强度的影响如图 7-7 所示。从图中可以看出，随着矿化度的增大，共振光散射强度略有降低但幅度不大，这表明，复配体系具有较好的抗盐性。同时在矿化度为 32868mg/L 时，随着 B-PPG 用量的增大，HPAM 用量的降低，复配体系共振光散射强度逐步升高。这表明 B-PPG 对 HPAM 抗盐性有显著改善，这与 B-PPG 的网络结构有关，其结构抗盐性好，其加入对线型大分子 HPAM 抗盐作用明显。

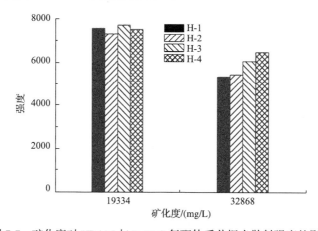

图 7-7　矿化度对 HPAM 与 B-PPG 复配体系共振光散射强度的影响

7.2.2　动态光散射

用美国 Wyatt 公司 DAWN HELEOS 多角度激光光散射仪的 QELS 附件单机作为动态光散射测定手段进行离线样品分析，可得到指定浓度的聚合物溶液的流体动力学半径信息。利用动态光散射测定，通过溶剂中聚集体的光散射强度对流体动力学半径 R_h 作图，获得聚集体颗粒的分布。

光散射数据的收集和结果的计算由 Astra 5.3.2.10 软件处理得到。光散射用水均为 MST-I-10 超纯水机配备终端微滤器处理得到。配制的水溶液体系经 0.8μm 纤维素酯材料过滤头(Millipore，Bedford，MA)直接滤入闪烁瓶中。为达到光散射实验要求的无尘条件，所有的闪烁瓶在用前都置于丙酮洗提器中将内外表面冲洗干净并用锡箔纸包裹备用。

实验中，取 100μL 复配的聚合物溶液，用相应的矿化水稀释至 10mL，使各复配体系浓度稀释为 15mg/L，再用 800nm 微孔过滤膜过滤至干净的光散射瓶中，静置过夜后测定。

1. AP-P5 与 B-PPG 复配体系

图 7-8 为 19A-X 体系不同条件下的水力学半径 (R_h) 分布，可以看出，加入 B-PPG 后，随着加入量的增加，水力学半径并未单向变化，有的增大，有的则减小，45℃ 下 19A-2 体系的 R_h 最大，而在 55℃ 和 65℃ 下则是 19A-3 体系中 R_h 最大，由于在地层油藏中温度较高，以 19A-3 为研究对象更为合适。

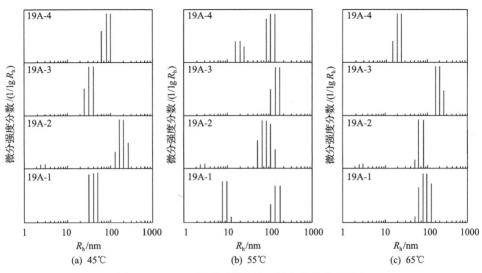

图 7-8　19A-X 体系不同条件下的水力学半径分布

降解温度对 19A-3 复配体系共振光散射强度的影响如图 7-9 所示。从图中可以看出随着温度的升高各复配体系水力学半径逐步增大，这表明，随着温度的升高复配体系中各分子更加容易聚集成大分子聚集体，从而使水力学半径随着温度的升高而增加。

矿化度对 19A-3 复配体系 R_h 的影响如图 7-10 所示。从图中可以看出，随着矿化度的增大，R_h 略有降低但幅度不大，表明 19A-3 复配体系具有较好的抗盐性。

2. 恒聚 HPAM 与 B-PPG 复配体系

从图 7-11 可以看出，加入 B-PPG 后，随着加入量的增加，水力学半径 (R_h) 并未单向变化，45℃ 下 R_h 先增大后降低，而在 55℃ 和 65℃ 下 B-PPG 加入后 R_h 均较未加入 B-PPG 前变小，地层油藏中温度较高，因此以 65℃ 下研究复配体系性质时以 19H-2 为研究对象更为合适。

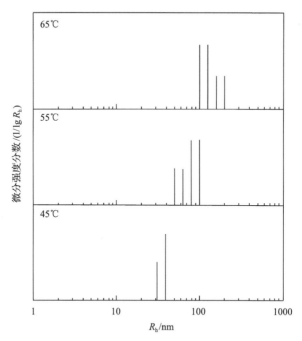

图 7-9　19A-3 体系不同温度下的水力学半径分布

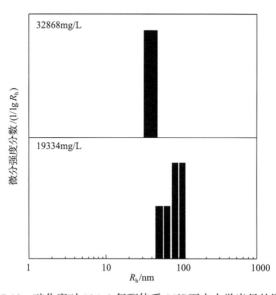

图 7-10　矿化度对 19A-3 复配体系 55℃下水力学半径的影响

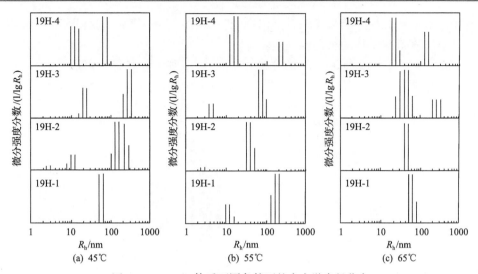

图 7-11　19H-X 体系不同条件下的水力学半径分布

降解温度对 19H-2 复配体系光散射强度的影响如图 7-12 所示。从图中可以看出，随着温度的升高各复配体系 R_h 均低于升温前，其原因可能是恒聚 HPAM 为线型大分子，其与网状 B-PPG 作用时 B-PPG 随着温度的升高分子运动剧烈，导致 B-PPG 与恒聚 HPAM 作用降低，而随着温度升高，HPAM 分子运动剧烈，从而

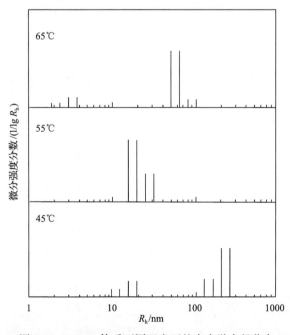

图 7-12　19H-2 体系不同温度下的水力学半径分布

出现缠绕，导致 R_h 随着温度的升高出现先降低后升高的趋势。总体而言，B-PPG 与 HPAM 在高温下作用较低温下差。

　　矿化度对 19H-2 复配体系 R_h 的影响如图 7-13 所示。从图中可以看出，随着矿化度的增大，R_h 略有降低，这表明，19H-2 复配体系具有一定的抗盐性。

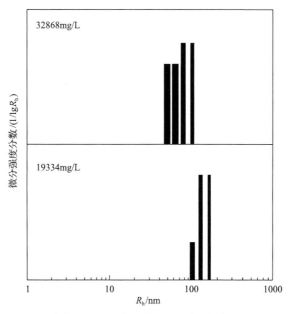

图 7-13　矿化度对 19H-2 复配体系 45℃下水力学半径的影响

7.3　聚合物与 B-PPG 相互作用对体系黏弹性影响

　　复合体系相互作用可通过黏弹性的变化进行表示，只有在动态实验即小振幅振荡剪切流中才能将黏性和弹性充分显示出来。动态流变仪可探测在动态条件下聚合物的分子结构和黏弹特性的变化特性。应力扫描是给样品在恒定的频率下施加一个范围的正弦应力，在每个施加的应力上，做连续测试，实验中所要确定的参数有：频率、温度和应力扫描方式(对数扫描或线性扫描)。应力扫描也可用来确定测量的线性黏弹区，以及对测量非线性性质的表征。应力控制型流变仪的动态频率扫描模式是以一定的应力幅度和温度，施加不同的频率，频率的增加或减少可以是对数的和线性的，或者产生一系列离散的频率。在频率扫描中，需要确定的参数是：应力幅度、频率扫描方式(对数扫描、线性扫描和离散扫描)和实验温度。

　　动态流变实验的目的是引入表征材料属性的物质函数和参数，通过这些与应力分量及应变分量相联系的函数可以解析试样所处的状态，进而描述具有可逆凝胶效应聚合物的溶胶-凝胶转变过程。

需要指出的是,弹性与黏性都是相对而言的,在某一给定的实验中,聚合物溶液的特定响应取决于与其特征时间有关的实验时间标度,即时变性。若实验相对缓慢,聚合物溶液呈现黏性,反之则呈现弹性,只有在适宜的时间标度才能观察到黏弹性响应。线性黏弹性是指聚合物溶液在小应变或小应变速率下的流变特性,在此范围内,应力与应变以线性关系为特征,微分方程也为线性,且二者对时间导数的系数是常数,而这些常数又是评价聚合物溶液状态的重要参数。因此,流变参数的测定一般在聚合物溶液的线性黏弹性范围内进行。

混合体系流变性用 RS6000 控制应力流变仪(德国 Haake 公司生产)测试,测量温度依实验条件分别为 (45.0 ± 0.1) ℃、(55.0 ± 0.1) ℃和(65.0 ± 0.1) ℃,采用 Z41Ti 转子测量。频率实验采用振荡模式,在频率扫描之前,首先在固定频率 1Hz 下,进行应力扫描,确定体系的线性黏弹性应力区,选择线性区的应力值(0.1Pa),进行频率扫描,频率范围为 0.01~10Hz。

7.3.1 AP-P5 与 B-PPG 复配体系

如图 7-14 所示,就黏弹性而言,除 19A-1 在低频区($f<0.5$Hz)初始样品弹性模量 G' 始终大于黏性模量 G'' 外,其余样品 G'' 始终大于黏性模量 G',而当 $f>0.5$Hz 时,黏弹性出现大幅震荡,但各样品均总体弹性模量 G'' 始终大于黏性模量 G'',其主要原因为:当频率很低时,分子有足够的时间蠕变,摆脱缠绕,缓慢和相互超越地流动,分子或分子链接可维持其最小能量状态,因为弹性链节的部分拉伸作用已经随物质流动而同时松弛,聚合物液体在形变速率缓慢时黏性占优势,弹性不明显;而快速形变时增大的形变能量由分子内及分子间的弹性形变吸收,没有充足的时间使物质产生黏性流动。

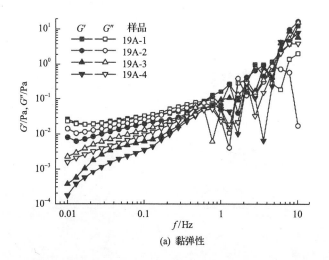

(a) 黏弹性

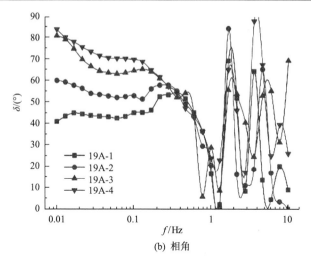

(b) 相角

图 7-14 矿化度为 19334mg/L 时 AP-P5 与 B-PPG 复配体系 45℃下黏弹性及相角测试

而在相角方面，则其基本表现为从 19A-1 到 19A-4 逐步增大，即随着 B-PPG 的加入复配体系弹性成分增大。这可能是因为 B-PPG 与 AP-P5 发生相互作用形成更强的网络结构导致的。

但 B-PPG 加入并不是越多越好，虽然其能增加体系弹性成分，但弹性模量 G' 和黏性模量 G'' 均随着 B-PPG 用量的增加而降低。随着 B-PPG 用量增加，AP-P5 用量减小，虽然可起强化网络连接的 B-PPG 增加，使其弹性成分增加，但用于形成网络结构的 AP-P5 分子却减少了，从而导致复配体系网络形成能力增强但网络强度降低。

为考查二者相互作用进行了老化处理，在 45℃下分别老化 120h 与 240h 时取样进行黏弹性测定(图 7-15)。

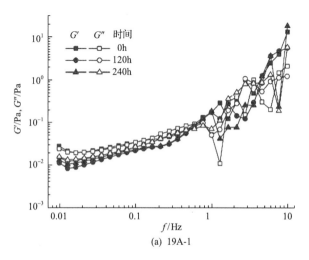

(a) 19A-1

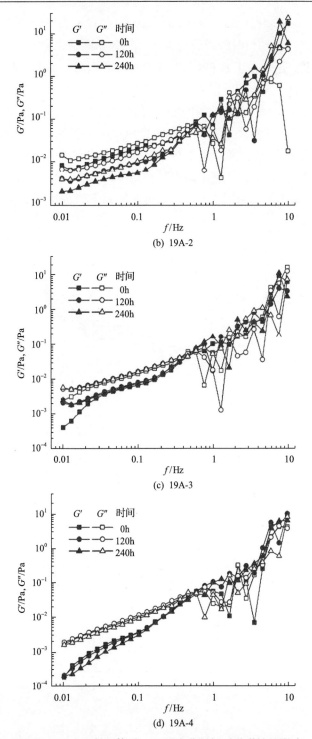

(b) 19A-2

(c) 19A-3

(d) 19A-4

图 7-15　19A-X 复配体系 45℃下老化时间对黏弹性的影响

　　在 45℃下分别老化 120h 与 240h 时, 19A-1、19A-2、19A-4 三个样品均呈现出随着老化黏弹性较初始时降低的趋势。而 19A-3 则呈现出随着老化黏弹性较初始时增高的趋势, 这是由于 B-PPG 与 AP-P5 随时间作用逐渐增强。综合考虑黏弹性、相角变化情况, 则复配时以样品 19A-3 比例为佳, 即 AP-P5 与 B-PPG 最佳复配比例为 5∶1, 此时复配体系相角较大, 黏弹性虽略小但随老化时间升高。

　　样品 19A-3 不同温度下黏弹性及相角测试结果如图 7-16 所示, 可见随着温度的升高, 复配体系黏弹性呈下降趋势, 相角却有增大趋势, 这表明随着温度升高黏弹性虽然下降, 复配体系中弹性组分却在上升。随着温度升高, 复配体系中 AP-P5 与 B-PPG 作用增强, 从而更加利于形成网络结构, 从而使体系中弹性成分升高。

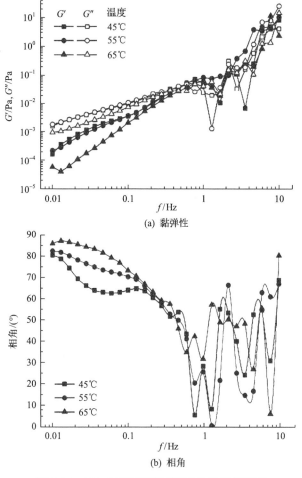

图 7-16　19A-3 不同温度下黏弹性及相角测试

　　样品 A-3 不同矿化度下黏弹性及相角测试结果如图 7-17 所示，可见随着矿化度的升高，复配体系黏弹性略有下降但基本保持不变，相角则略有升高，但变化不大，可见 AP-P5 与 B-PPG 在复配比例为 5∶1 时具有良好的抗盐性。AP-P5 本身因为疏水缔合作用有一定的抗盐性，而 B-PPG 本身就有凝胶网络结构因此抗盐性更强，当将 B-PPG 加入到 AP-P5 后，两者复配形成比两者本身更加牢固的网络结构，从而使体系抗盐性增大。

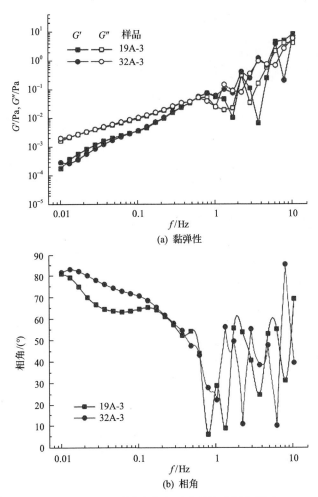

图 7-17　A-3 不同矿化度下黏弹性及相角测试

7.3.2　恒聚 HPAM 与 B-PPG 复配体系

　　如图 7-18 所示，在黏弹性及相角测试中，复配体系黏弹性随着 B-PPG 用量的增多表现出先增大后减小的趋势，且 19H-2 样品优于其他样品，而相角也表现出同样的性质，因此复配体系以 19H-2 为好，即恒聚 HPAM 与 B-PPG 复配时以 11∶1 为佳。

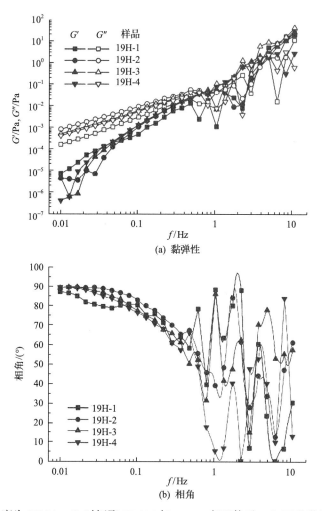

(a) 黏弹性

(b) 相角

图 7-18　矿化度为 19334mg/L 时恒聚 HPAM 与 B-PPG 复配体系 45℃下黏弹性及相角测试

如图 7-19 所示，在 45℃下分别老化 120h 与 240h 时，19H-1、19H-3、19H-4 三个样品均呈现出随着老化黏弹性较初始时降低的趋势。而 19H-2 则呈现出随着老化黏弹性较初始时增高的趋势，综合考虑黏弹性、相角变化情况，则复配时以样品 19H-2 比例为佳，即恒聚 HPAM 与 B-PPG 最佳复配比例为 11∶1。

不同温度下样品 19H-2 黏弹性及相角测试结果如图 7-20 所示，可见随着温度的升高，复配体系黏弹性与相角均变化不大，这表明恒聚 HPAM 与 B-PPG 复配体系具有较好的耐温性。

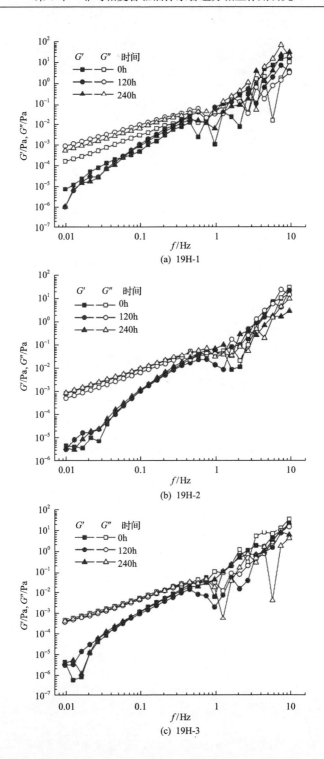

(a) 19H-1

(b) 19H-2

(c) 19H-3

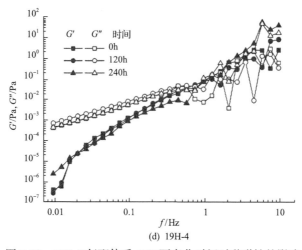

(d) 19H-4

图 7-19　19H-X 复配体系 45℃下老化时间对黏弹性的影响

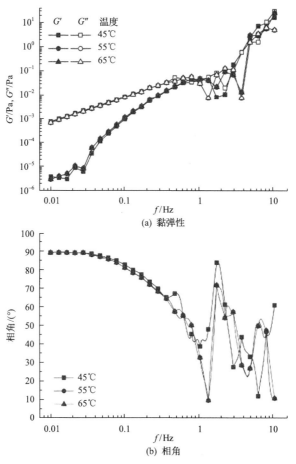

(a) 黏弹性

(b) 相角

图 7-20　不同温度下 19H-2 黏弹性及相角测试

　　样品 19H-2 不同矿化度下黏弹性及相角测试结果如图 7-21 所示，可见随着矿化度的升高，复配体系黏弹性略有变化但基本保持不变，相角则降低较大，可见恒聚 HPAM 与 B-PPG 在复配比例为 11∶1 时具有良好的抗盐性，但由于恒聚 HPAM 抗盐性较差，复配体系的弹性主要依赖于 B-PPG，从而使相角随着盐度的升高而降低。

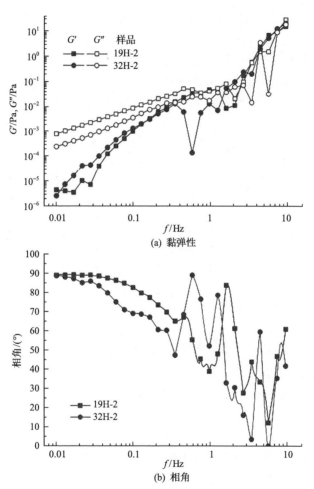

图 7-21　不同矿化度下 19H-2 黏弹性及相角测试

第8章 非均相复合驱油配方设计

8.1 非均相复合驱配方设计及性能评价

在确定目的油藏之后，需要对非均相复合驱油体系中的黏弹性颗粒驱油剂、表面活性剂及聚合物筛选，从而获得最优的配方体系，以达到调整油藏层内、层间非均质矛盾，最大程度地扩大波及体积以及提高洗油效率。

8.1.1 非均相复合驱中黏弹性颗粒驱油剂的筛选

近年来，对非均质矛盾突出等条件苛刻油藏的提高采收率研究提上日程，需要得到既具有突出的调剖能力，又具有驱替能力的驱油剂。黏弹性颗粒驱油剂是胜利油田针对驱油需要，近年来利用自由基引发聚合的方法，合成出的内部结构高度枝化且含有一定量三维网状结构的新型黏弹性颗粒驱油剂。在水中该产品一方面以大分子的一端无限度地向水溶液中扩散，另一方面又以网状结构限制大分子的另一端使之适度扩散，形成一种既具有弹性特征又兼备增稠作用的黏弹性颗粒分散体系。同时由于在生产过程中已经形成网状结构，其对地层温度、盐度等不敏感，具有性能稳定，不易受环境因素影响的特点。

1. 驱油用黏弹性颗粒驱油剂筛选的基本依据

为适应苛刻油藏的开发需要，黏弹性颗粒驱油剂应达到一定的技术指标：

(1) 黏弹性颗粒驱油剂 B-PPG 的分散体系稳定时间 $\geq 5.0h$。

(2) 黏弹性颗粒驱油剂 B-PPG 的分散体系黏度 $\geq 150mPa \cdot s$。

(3) 黏弹性颗粒驱油剂 B-PPG（I型）的分散体系弹性模量 $\geq 750mPa$；黏弹性颗粒驱油剂 B-PPG（II型）的分散体系弹性模量 $\geq 900mPa$；黏弹性颗粒驱油剂 B-PPG（III型）的分散体系弹性模量 $\geq 1000mPa$。

2. 驱油用黏弹性颗粒驱油剂性能评价

通过悬浮性、黏弹性、阻力系数、残余阻力系数等参数，全面、系统地评价黏弹性颗粒驱油剂的应用性能，在此基础上筛选出适合驱油应用的黏弹性颗粒驱油剂。

1) 悬浮性能

黏弹性颗粒驱油剂 B-PPG 水溶液的悬浮性能优劣是其能否作为驱油剂的基本

参数。

试验条件：70℃、静置 48h、B-PPG 浓度 2000mg/L、试验用水为胜利孤岛中一区 Ng₃ 模拟注入水（Ca^{2+}、Mg^{2+} 浓度 129mg/L，总矿化度 6666mg/L）。

表 8-1 为 8 种 B-PPG 样品悬浮性能对比结果。由表 8-1 可见，8 种 B-PPG 产品都有较好的悬浮性能，尤其是 3#～8# B-PPG 样品静置 48h 后体系仍不分层，表明这些样品能够满足长期驱替注入的需要，且 3#、6# 颗粒溶胀后的粒径中值均在 500μm 以上，表明样品具有较好的溶胀能力。

表 8-1　B-PPG 的悬浮能力及粒径中值

样品编号	悬浮能力	粒径中值/μm
1#	沉降慢	199.9
2#	沉降慢	208.3
3#	不分层	655.6
4#	不分层	375.4
5#	不分层	199.7
6#	不分层	561.2
7#	不分层	497.5
8#	不分层	407.7

2）表观黏度及黏弹性

较高的表观黏度和黏弹模量是保证驱油体系具有较大波及体积和运移能力的关键。

试验条件：70℃、B-PPG 浓度 10000mg/L、试验用水为胜利孤岛中一区 Ng₃ 模拟注入水（Ca^{2+}、Mg^{2+} 浓度 129mg/L，总矿化度 6666mg/L）。

表 8-2 为 8 种 B-PPG 样品的表观黏度（n）及黏弹性能。可以看出，1#、2# B-PPG 样品基本无黏弹性，3#～8# B-PPG 样品均具有黏弹性特征，其中，6# B-PPG 样品表观黏度最高，同时其相角为 33.2°，表现出明显的弹性特征，说明该样品可以有效保证驱油体系的波及体积及运移能力。

表 8-2　B-PPG 溶液的表观黏度及黏弹性能

样品编号	$\eta/(mPa\cdot s)$	G'/Pa	G''/Pa	相角/(°)
1#	54.2	—	0.396	90.0
2#	47.9	—	0.314	90.0
3#	163.9	1.846	1.736	43.2
4#	117.4	0.513	0.895	60.2
5#	112.5	0.461	0.815	60.5

样品编号	$\eta/(mPa \cdot s)$	G'/Pa	G''/Pa	相角/(°)
6# B-PPG	725.3	5.42	3.55	33.2
7# B-PPG	163.5	0.956	1.306	55.4
8# B-PPG	83.9	0.186	0.616	73.2

3）滤过能力

滤过能力是指黏弹性颗粒驱油剂在一定压力下通过一定孔径的滤膜时的变化情况，它是影响黏弹性颗粒驱油剂注入性能的重要指标之一。

图 8-1(a)、(b)分别为采用自主研发的自动滤过能力评价装置测定的 B-PPG、

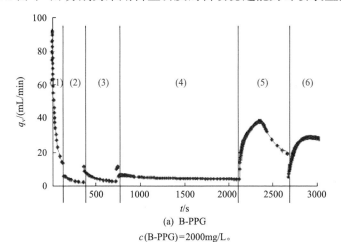

(a) B-PPG

c(B-PPG)=2000mg/L。

(1)P=6.89kPa；(2)P=20.67kPa；(3)P=34.45kPa；(4)P=55.12kPa；(5)P=103.35kPa；(6)P=137.80kPa

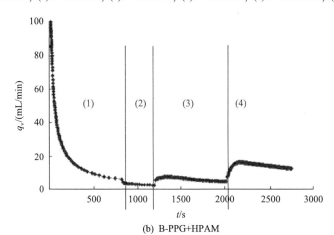

(b) B-PPG+HPAM

c(B-PPG)=1000mg/L；c(HPAM)=1000mg/L。

(1)P=6.89kPa；(2)P=20.67kPa；(3)P=34.45kPa；(4)P=55.12kPa

图 8-1 B-PPG 单一及复配体系在不同压力下通过 25μm 滤网时流动速率随时间的变化

B-PPG+HPAM 在不同压力下的滤过能力。由结果可知，当压力为 6.89kPa（1psi，1psi=6.89476×10^{3}Pa）时，随滤过时间增加 B-PPG 流动速率大幅降低，此时大部分 B-PPG 颗粒在滤网端面上堆积，形成一层滤饼，阻止后续 B-PPG 通过滤膜，在端面造成封堵；但当压力升高至 103.35kPa（15psi）时，大部分颗粒能够在压力的驱动下变形通过滤膜，流动速率骤然上升且粒径变化不大，说明 B-PPG 在一定压力下具有变形通过能力。B-PPG+HPAM 复配体系与单一 B-PPG 体系表现出相似的滤过能力，但在 55.12kPa（8psi）时，复配体系滤过能力比单一 B-PPG 强。

4）封堵能力

通过阻力系数与残余阻力系数试验考查黏弹性颗粒驱油剂 B-PPG 的封堵能力。

试验条件：75℃、B-PPG 浓度 2000mg/L、人造岩心尺寸 Φ2.54cm×30cm、试验用水矿化度为 19334mg/L。

表 8-3 为 B-PPG 通过岩心的阻力系数（RF）与残余阻力系数（RRF）。由结果可知，B-PPG 的封堵效率均高于 97%，同时，通过观察岩心注入端面，1$^\#$、2$^\#$、5$^\#$ 样品在注入端面有大量颗粒堆积产生封堵，注入能力较差。

表 8-3　岩心阻力系数（RF）与残余阻力系数（RRF）

样品编号	RF	RRF	封堵效率/%
1$^\#$	158	284	99.6
2$^\#$	877	451	99.8
3$^\#$	414	265	99.5
4$^\#$	168	5.8	98.8
5$^\#$	178	159	98.9
6$^\#$	154	4.2	97.2
7$^\#$	152	133	97.6
8$^\#$	143	143	97.2

5）运移性能

B-PPG 要作为驱油剂使用，在油藏中必须有较好的运移能力。利用 30cm 岩心及 16m、30m 长细管岩心驱替实验考查了 B-PPG 运移能力。图 8-2～图 8-4 分别为 B-PPG 在不同长度岩心注入过程中内部压力传递曲线。

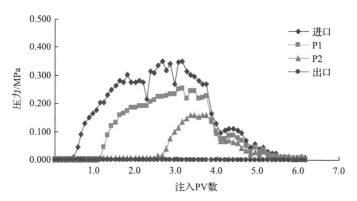

图 8-2　B-PPG 注入过程中 30cm 岩心内部压力传递曲线

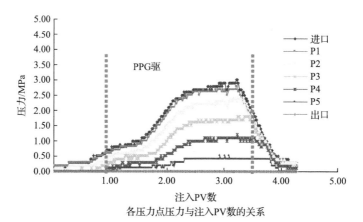

图 8-3　B-PPG 注入过程中 16m 岩心内部压力传递曲线（文后附彩图）

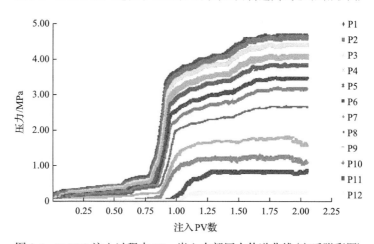

图 8-4　B-PPG 注入过程中 30m 岩心内部压力传递曲线（文后附彩图）

由图 8-2 看出，在注入一定数量 B-PPG 后，B-PPG 颗粒在岩心端面堆积使压力上升，较高的压力使 B-PPG 颗粒能够变形通过孔喉，此时各测压点的压力值明显降低；B-PPG 颗粒在岩心孔隙中不断重复堆积—压力升高—变形通过—压力降低的过程，实现了在岩心内部的运移并进入岩心深部，从而产生良好的调驱效果。

图 8-3 和图 8-4 同样反映出该 B-PPG 样品在多孔介质中的运移性能非常好。尤其是图 8-4 实验中所用模型长达 30m，产生的压力梯度足以克服因模型短而产生的端基效应，其沿程布置了 12 个测压点，自第一点到最后一个点，各点的起压情况与其位置是对应的，即测压点距离近时，压力值也接近，测压力点距离远时，压力值的差距也大，这正是该样品良好注入性能的体现，同时也奠定了其作为调驱剂应用的基本条件。

6) 调驱性能

由于 B-PPG 在水中仅溶胀而不会溶解，不能形成均相的驱替体系，作为驱油体系，其是否真正具有调驱能力，能够满足长期驱替对其注入和在岩心中的运移的要求，成为研究人员和决策者普遍关心的问题。

图 8-5 是在渗透率级差 3(高渗管渗透率为 $3000 \times 10^{-3} \mu m^2$，低渗管渗透率为 $1000 \times 10^{-3} \mu m^2$) 的条件下，考查的 B-PPG 在聚合物驱后并联双管非均质模型中的分流量情况。由结果看出，在注入 B-PPG 驱之前，高、低渗管分流量分别为 95.8%、4.2%，注入 B-PPG 后逐渐出现液流转向，低渗管分流量由 4.2%上升至 98%，高渗管分流量由 95.8%下降至 2%，分流量出现锯齿状波动变化，反映了 B-PPG 的驱替—堵塞—驱替交替过程；B-PPG 流体转向能力强，实现了高低渗条件下分流量的反转，且这种分流量调整在后续水驱阶段持续有效，表明该 B-PPG 具有较长期持续的剖面调整和驱替能力。

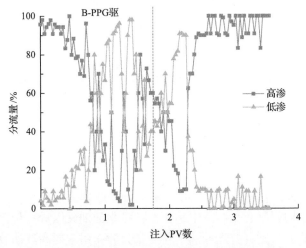

图 8-5　B-PPG 注入过程中非均质岩心的分流量变化

7) 热稳定性

B-PPG 的热老化性能是评价产品稳定性的重要参数。试验测试了绝氧条件下 B-PPG 的热稳定性能，同时对比了聚合物的热稳定性。

试验条件：孤岛中一区 Ng$_3$ 油藏条件，B-PPG 浓度 5000mg/L。

图 8-6、图 8-7 分别为 B-PPG 与聚合物的黏度及弹性模量长期热稳定性。由结果看出，B-PPG 随老化时间的延长，黏度明显增大，放置 30 天表观黏度高达 208mPa·s，表现出独有的增黏现象。随表观黏度的升高，其弹性模量减小，但在 15 天时仍高达 4.4Pa。而聚合物的表观黏度和弹性模量随放置时间的增长而逐渐降低，30 天时表观黏度仅为 7.6mPa·s。

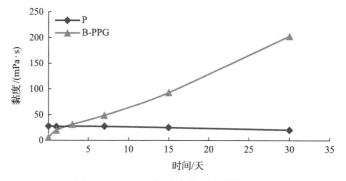

图 8-6　B-PPG 与聚合物黏度数据对比

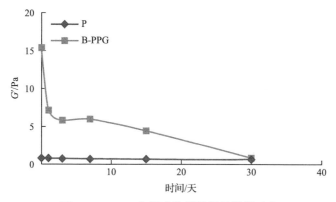

图 8-7　B-PPG 与聚合物弹性模量数据对比

8.1.2　驱油用表面活性剂的筛选

根据提高石油采收率原理，获得高的原油采收率的途径是扩大波及体积和提高驱油效率。非均相复合驱体系中黏弹性颗粒驱油剂可以进一步扩大波及体积，而表面活性剂的加入则具有降低油水界面张力的作用，提高洗油效率。因此表面活性剂的筛选也显得尤为重要。

1. 驱油用表面活性剂筛选的基本依据

适合做非均相复合驱用的表面活性剂要达到一定的技术指标：

(1)复合驱体系与原油的界面张力需达到 10^{-3}mN/m 数量级，低张力区域宽。

(2)复合驱体系中表面活性剂总浓度小于 0.6%，即在低浓度时具有超低界面张力。

(3)能与黏弹性颗粒驱油剂、聚合物有良好的配伍性，产品具有一定的稳定性。

(4)表面活性剂在岩石上的滞留损失量应小于 1mg/g 岩心。

选择合适的表面活性剂，使油水界面张力从 20～30mN/m 降低到 10^{-3}mN/m 或 10^{-4}mN/m，提高毛细管数，从而提高驱油效率。

2. 界面张力试验

能否有效降低界面张力取决于表面活性剂在油水界面上的排布方式和排列密度。图 8-8 为应用分子模拟方法中耗散颗粒动力学方法模拟油、水共存时烷基苯磺酸盐及其与非离子活性剂复配体系在油水界面的分子排布。

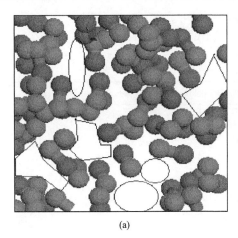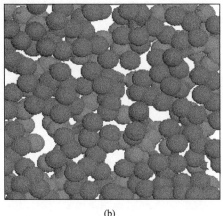

(a)　　　　　　　　　　　　　　　　　(b)

图 8-8　单一 SDBS(a)及与 TX-100 复配体系(b)在油水界面上的混合排布(文后附彩图)

从分子模拟结果可以看出，通过阴-非离子表面活性剂复配可增加表面活性剂在油水界面上排列的紧密程度，提高表面活性剂的界面效率，有利于大幅度降低油水界面张力。石油磺酸盐是一种性能良好的驱油用表面活性剂，具有与原油结构相似的特点，在胜利油田得到了广泛的应用，因此在非均相复合驱中将应用石油磺酸盐作为主剂进行表面活性剂配方设计。

1）石油磺酸盐性能评价

表 8-4 为不同的石油磺酸盐样品在不同浓度下的界面张力，其中 2# 石油磺酸盐样品 (SLPS) 界面张力较好，0.4% SLPS 界面张力最低达到 7.6×10^{-2} mN/m，但不能达到 10^{-3} mN/m 的要求，因此，需借助分子模拟结果添加其他表面活性剂，以取得更佳效果。

表 8-4　单一石油磺酸盐界面张力试验结果

石油磺酸盐浓度	界面张力最低值 /(mN/m)	稳定时间/min
0.4% 1#	7.1×10^{-2}	50
0.6% 1#	5.3×10^{-2}	65
0.4% 2#	7.6×10^{-2}	90
0.6% 2#	4.8×10^{-2}	90
0.4% 3#	7.8×10^{-2}	55
0.6% 3#	5.2×10^{-2}	55

2）复配表面活性剂的优选

在复配增效理论指导下，有针对性地筛选了不同类型非离子表面活性剂，考查了复配体系在孤岛中一区 Ng_3 油水条件下的界面张力。从表 8-5 中可以看出，非离子表面活性剂 P1709 与 1# 石油磺酸盐复配可获得最低界面张力，在表面活性剂总浓度为 0.4% 时界面张力可达到 2.95×10^{-3} mN/m，且稳定性好。

表 8-5　石油磺酸盐与复配活性剂复配体系试验结果

序号	复配体系	界面张力/(mN/m)	稳定时间/min	备注
1	0.3% SLPS-01	7.6×10^{-2}	50	
2	0.3% SLPS-01+0.1% JDQ-1	8.6×10^{-3}	30	性能不稳定
3	0.3% SLPS-01+0.1% JDQ-2	5.6×10^{-2}	45	
4	0.3% SLPS-01+0.1% JDQ-3	6.0×10^{-3}	50	性能不稳定
5	0.3% SLPS-01+0.1% P1709	2.95×10^{-3}	30	
6	0.3% SLPS-01+0.1% 4#	6.0×10^{-3}	55	乳化较严重
7	0.3% SLPS-01+0.1% T11	9.8×10^{-3}	50	产品不稳定
8	0.3% SLPS-01+0.1% T1402	6.0×10^{-3}	50	乳化较严重
9	0.3% SLPS-01+0.1% P1622	6.0×10^{-3}		性能不稳定
10	0.3% SLPS-01+0.1% P1223	2.3×10^{-2}	55	
11	0.3% SLPS-01+0.1% P1611	2.0×10^{-2}		
12	0.3% SLPS-01+0.1% 7154	2.0×10^{-2}	70	
13	0.3% SLPS-01+0.1% 4-02	4.0×10^{-2}		

续表

序号	复配体系	界面张力/(mN/m)	稳定时间/min	备注
14	0.3% SLPS-01+0.1% 4-03	3.0×10^{-3}	65	乳化较严重
15	0.3% SLPS-01+0.1% 4-06	5.0×10^{-3}	75	价格较高
16	0.3% SLPS-01+0.1% 4-08	1.8×10^{-2}		
17	0.3% SLPS-01+0.1% 5-01	4.1×10^{-2}		
18	0.3% SLPS-01+0.1% 5-02	2.8×10^{-2}		

3) 石油磺酸盐与表面活性剂配比及浓度的优选

表 8-6 为石油磺酸盐与复配表面活性剂 P1709 按不同比例进行复配组成体系的界面张力。结果表明：0.3% SLPS + 0.1% P1709 即石油磺酸盐与复配表面活性剂 P1709 在 3∶1 比例时界面张力最低。表 8-7 为固定 SLPS 与助剂 P1709 配比为 3∶1，界面张力随体系总浓度的变化情况。0.3% SLPS-1+0.1% P1709 活性剂复配体系相对较好，该体系与模拟油的界面张力低达 2.95×10^{-3} mN/m，进入了超低界面张力区。当活性剂总浓度在 0.2%～0.6%范围内时其界面张力相对比较低，表明在实际油藏条件下，该体系有较宽的浓度窗口，可以满足试验的需要。

表 8-6　活性剂配比对界面张力的影响

序号	体系浓度/%	SLPS∶P1709	界面张力最低值/(mN/m)
1	0.4	1∶3	6.71×10^{-2}
2	0.4	1∶2	5.30×10^{-3}
3	0.4	1∶1	3.70×10^{-3}
4	0.4	2∶1	3.35×10^{-3}
5	0.4	3∶1	2.95×10^{-3}

表 8-7　活性剂浓度对界面张力的影响

序号	体系浓度/%	SLPS∶P1709	界面张力最低值/(mN/m)
1	0.1	3∶1	6.56×10^{-2}
2	0.2	3∶1	7.30×10^{-3}
3	0.3	3∶1	4.6×10^{-3}
4	0.4	3∶1	2.95×10^{-3}
5	0.5	3∶1	3.51×10^{-3}
6	0.6	3∶1	3.90×10^{-3}

4) 界面张力等值图

复合体系在渗流过程中，表面活性剂同原油、地层水和岩石的相互作用引起

的吸附损耗和化学稀释作用而使化学剂浓度降低，导致设计的最佳组成和界面性
质发生改变，影响驱油效果。因此，研究界面张力与表面活性剂浓度之间的关系
是非常有意义的。

图 8-9 是不同浓度的石油磺酸盐和不同浓度下复配表面活性剂的界面张力等
值图，结果表明当石油磺酸盐浓度在 0.2%～0.4%范围内，复配表面活性剂 P1709
浓度在 0.05%～0.15%范围内时为最佳活性区，这表明该体系在孤岛中一区油藏条
件下有较宽的低张力区，即使在表面活性剂浓度较低的情况下也能维持较低界面
张力。

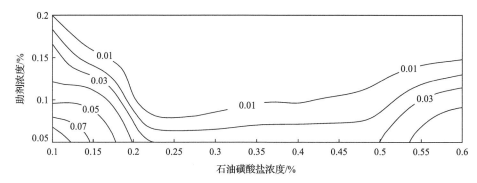

图 8-9 不同浓度石油磺酸盐和不同复配表面活性剂的界面张力等值图(单位：μN/m)

5) 抗吸附性能

化学剂在地层运移过程中会与岩石发生作用，化学剂的结构不同，吸附损耗
的程度也将不同，但是化学剂的吸附损耗将影响协同作用的发挥，因此必须测定
化学剂的吸附量，以确定化学剂的最低用量。

为了考查表面活性剂复配体系经岩石吸附后的界面张力变化，将活性剂复配
体系以 3：1 的比例与洗净烘干的油砂混合。在 70℃的水浴中振荡 24h。取出后做
离心处理，表 8-8 为体系吸附前后界面张力变化情况，可以看出，活性剂被吸附
了一部分之后浓度下降，导致复合驱油体系界面张力值会有所提高，但一般仍能
保持超低界面张力。现场注入中，一定要确保足够的注入段塞，才能保证复配体
系与油水的低界面张力，取得较高的驱油效率。

表 8-8 吸附性能试验结果

复配体系	界面张力/(mN/m)	
	吸附前	吸附后
0.3% SLPS+0.1% P1709	1.4×10^{-3}	4.5×10^{-3}

6) 洗油能力

洗油能力是评价复合驱用活性剂的一项重要指标，洗油能力越强，原油越容易从岩石上脱离下来。将模拟地层砂与目标区块原油按 4∶1 比例（质量比）混合，考查复配体系的洗油能力，试验结果见表 8-9，可以看出，0.3% SLPS+0.1% P1709、0.2% SLPS+0.2% 2-3 这两个复配体系的洗油能力都在 60% 以上，均可满足现场要求，0.3% SLPS+0.1% 4-06 复配体系洗油效率仅为 26.6%，洗油能力差。

表 8-9　洗油试验结果

复配体系	原油洗脱率/%
0.3% SLPS+0.1% P1709	64.1
0.2% SLPS+0.2% 2-3	64.4
0.3% SLPS+0.1% 4-06	26.6

7) 抗钙镁能力

非均相复合驱中应用的主表面活性剂为石油磺酸盐，它是一种阴离子表面活性剂，而油田地层水中钙镁离子含量较高，易形成石油磺酸钙沉淀（石油磺酸盐的溶度积 $K_{sp}=10^{-8}\sim10^{-9}$）。由于电性作用石油磺酸钙晶体易聚集形成大颗粒沉淀，要求体系在高钙镁条件下仍能保持良好的低界面张力。

（1）单一磺酸盐体系抗钙、镁能力。

配制 0.4% 石油磺酸盐活性剂，以孤岛中一区 Ng_3 注入水中钙、镁离子浓度（钙＋镁浓度为 129mg/L）为基础，加入 $CaCl_2$，观察现象，测定界面张力。

试验结果见表 8-10，随着钙、镁离子浓度的增加，界面张力增加。磺酸盐阴离子表面活性剂耐温性能好，但抗盐能力差。

表 8-10　单一 SLPS 体系抗钙能力

钙、镁离子总浓度/(mg/L)	实验现象	界面张力/(mN/m)
0	—	7.1×10^{-2}
100	轻微混浊	8.2×10^{-2}
200	轻微混浊	8.9×10^{-2}
300	溶液混浊	9.7×10^{-2}
400	溶液混浊产生颗粒沉淀	2.7×10^{-1}

（2）复配体系抗钙、镁能力。

增大石油磺酸钙的溶度积的途径有两种：①改变磺酸盐结构，增加疏水链的支链则不易产生石油磺酸钙沉淀。当磺酸盐疏水链为支链时，体积的作用有助于阻止沉淀的生成，但是改变胜利石油磺酸盐的结构比较困难。②改变地层条件（温

度 T，压力 P）或加入助剂。但是对于特定的地层温度压力是一定的，只有通过加入结构适宜的助表面活性剂才能增大石油磺酸钙的溶度积。

对于生成的石油磺酸钙沉淀，加入助剂后在水溶液中解离生成的阴离子在与微晶碰撞时，会发生物理化学吸附现象而使微晶表面形成双电层。加入的表面活性剂的链状结构可吸附多个相同电荷的微晶，它们之间的静电斥力可阻止微晶的相互碰撞，从而避免了大晶体的形成。在吸附产物又碰到其他离子时，会把已吸附的晶体转移过去，出现晶粒的均匀分散现象，从而阻碍晶粒间及晶粒与金属表面间的碰撞，减少溶液中的晶核数，进而稳定在水溶液中。

配制 0.3%石油磺酸盐＋0.1% P1709，以孤岛中一区 Ng_3 注入水中钙、镁离子浓度为基础，加入 $CaCl_2$，观察现象，测定界面张力，试验结果见表 8-11。

表 8-11　抗钙、镁能力试验结果

钙、镁离子总浓度/(mg/L)	实验现象	界面张力最低值/(mN/m)
100	溶液澄清	2.5×10^{-3}
200	溶液澄清	4.7×10^{-3}
300	溶液澄清	6.2×10^{-3}
400	溶液略微混浊	4.6×10^{-2}
500	出现沉淀	1.4×10^{-1}

实验发现，钙、镁离子总浓度在 100～300mg/L 时体系稳定；浓度 400mg/L 时发生混浊现象；浓度在 500mg/L 时，体系中溶剂全部沉淀，静置后变成澄清透明溶液。随着钙、镁离子浓度的增加，界面张力增加。

8.1.3　非均相复合驱中聚合物的筛选

1. 聚合物基本性能评价

首先必须针对试验区块开展聚合物基本物化性能评价，然后选择性能较好的聚合物进行与黏弹性颗粒驱油剂 B-PPG 及活性剂的配伍性试验。

试验条件：温度 70℃；Brookfield DV-Ⅲ型黏度计。

试验用水：孤岛中一区 Ng_3 模拟注入水（钙、镁离子总浓度 129mg/L，总矿化度 6666mg/L）。

配制 5000mg/L 的 5 种聚合物，聚合物母液再稀释成 1500mg/L 浓度进行测定，测试了黏度、滤过比、水解度、固含量等参数，表 8-12 为孤岛中一区 Ng_3 条件下聚合物的基本物化性能评价结果，在该油藏条件下 2#、3#、5#、8#聚合物的综合性能较好。

表 8-12　聚合物基本物化性能

编号	固含量/%	水解度/%	滤过比	特性黏数/(mL/g)	黏度/(mPa·s)
2#	90.92	23.6	1.017	2975	12.8
3#	91.72	21.8	1.035	2215	12.2
5#	90.63	22.2	1.047	3055	13.4
7#	92.69	18.9	1.285	2138	11.9
8#	89.83	20.5	1.028	2762	12.6

2. 聚合物黏浓关系

试验条件：温度 70℃；Brookfield DV-Ⅲ型黏度计。

试验用水：孤岛中一区 Ng_3 模拟注入水（钙、镁离子总浓度 129mg/L，总矿化度 6666mg/L）。

配制 5000mg/L 的聚合物母液再稀释成不同浓度进行测定（图 8-10）。结果表明：油藏条件下，2#、3#、5#、8#聚合物都具有较高黏度。

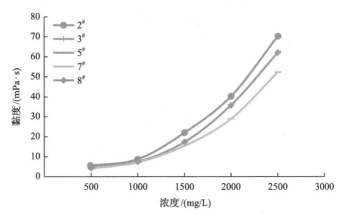

图 8-10　聚合物黏浓性评价（文后附彩图）

3. 聚合物耐温耐盐性

聚合物溶液的黏度在恒定的温度下随所选择溶剂的不同而不同。当溶剂选定之后，聚合物溶液的黏度又随温度的变化而变化。这是因为聚合物溶液内大分子与大分子之间有相互作用能的影响，而且溶液中的单个线团分子内也有链段之间的相互作用能的影响。聚合物溶液的黏度随温度的升高而降低，因为温度升高，分子运动加剧，大分子之间的作用力下降，大分子的缠结点松开，同时溶剂的扩散能力增强，分子内旋转的能量增加，使大分子线团更加卷曲。

聚合物溶液的黏度随矿化度的变化通常称为盐敏性。由于无机盐中的阳离子比水有更强的亲电性，它们优先取代了水分子，与聚合物分子链上的羧基形成反离子对，屏蔽了高分子链上的负电荷，使聚合物线团间的静电斥力减弱，溶液中的聚合物分子由伸展渐趋于卷曲，分子的有效体积缩小，线团紧密，所以溶液黏度下降。聚合物的分子结构与盐敏性有很大关系。聚丙烯酰胺抗盐性较差，且二价阳离子比一价阳离子对聚合物溶液的黏度影响大。从聚合物构象来看，聚丙烯酰胺呈柔性链，盐敏性很强，耐盐性差。

图 8-11 为用孤岛中一区 Ng_3 模拟注入水稀释 1500mg/L 的聚合物，在不同温度下进行的耐温性评价；图 8-12 为在 70℃下，用不同矿化度的盐水稀释 1500mg/L 的聚合物进行的耐盐性评价。由图 8-11 和图 8-12 可以看出，这几种聚合物均具有较好的耐温抗盐性能。

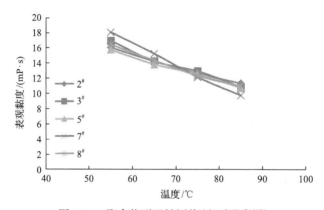

图 8-11　聚合物耐温性评价（文后附彩图）

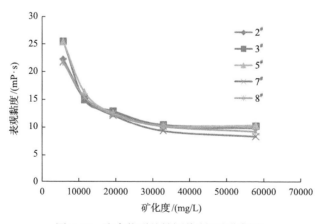

图 8-12　聚合物耐盐性评价（文后附彩图）

4. 聚合物热稳定性

许多用于化学驱的聚合物溶液都存在着老化现象，从而使聚合物发生降解，影响聚合物的使用效果。因此聚合物溶液的长期稳定性是非常重要的。

热稳定性通常是指聚合物溶液在地下油藏岩石孔隙中，能够保持其黏度不发生热降解的性质。聚合物的热降解是以无规则的断链为主，影响其热降解的因素主要是温度，一般聚丙烯酰胺的临界使用温度为 93℃。聚合物溶液热稳定性测定要求溶液中既不含氧，也无细菌。

试验条件：温度 70℃；Brookfield DV-Ⅲ型黏度计，冷阱。

试验用水：孤岛中一区 Ng_3 模拟注入水（钙、镁浓度 129mg/L，总矿化度 6666mg/L）。

配制 5000mg/L 的聚合物母液再稀释成 1500mg/L 分装在不同的安瓿瓶中，冷冻抽空三次后充氮，放置在 70℃恒温箱中，定时取出测定黏度，结果见图 8-13。结果表明：油藏条件下，$2^\#$、$3^\#$、$5^\#$、$7^\#$、$8^\#$ 五种聚合物的热稳定性良好。

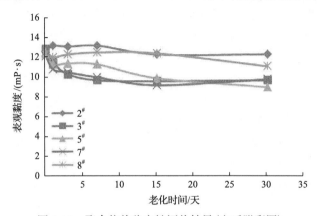

图 8-13　聚合物热稳定性评价结果（文后附彩图）

目前，胜利油田所使用的聚合物从增黏性、稳定性上来看，满足非均相复合驱的需要。

5. 流动视黏度

研究表明，在聚合物相对分子质量低于 1000 万时，结构增黏作用造成的视黏度大幅增加并不能获得高的提高采收率效果，因此除了评价聚合物的视黏度、热稳定性、耐温抗盐能力等性能外，需要对聚合物溶液通过多孔介质所表现的流动视黏度进行评价以确定在多孔介质中结构黏度作用大小。不同类型聚合物流动视黏度表征结果见表 8-13。

实验发现，对于常规超高分子量 HPAM 聚合物和改性超高分子量 HPAM 聚合物，表观黏度高的聚合物其多孔介质中流动视黏度也较高，而对于结构类聚合物虽然表观黏度很高，但在多孔介质中流动视黏度却较低，原因可能是在多孔介质渗流过程中不能够有效形成分子间的相互作用，所以这种高表观黏度并没有对

表 8-13　不同类型聚合物流动视黏度

样品	流动视黏度/(mPa·s)	表观黏度/(mPa·s)	备注
1#	20.3	14.5	相对分子质量 2200 万的常规 HPAM
2#	21.2	15.6	相对分子质量 2600 万的常规 HPAM
3#	23.8	19.6	相对分子质量 2000 万的改性 HPAM
4#	12.6	126.1	相对分子质量 400 万的结构增黏类聚合物
5#	27.5	33.7	相对分子质量 1500 万的改性结构类增黏聚合物

驱油效果发挥相应的作用。而改性结构类增黏聚合物,不仅具有较高的表观黏度,而且其在多孔介质中的流动视黏度也较高。因此,为满足高温高盐油藏提高采收率的需要,在非均相复合驱油体系中可选择改性超高相对分子质量聚丙烯酰胺或相对分子质量 1500 万以上的改性结构类增黏聚合物。

8.2　非均相复合驱配方有效性研究

8.2.1　非均相复合驱体系各组分相互作用研究

利用 B-PPG 与聚合物复配体系的扩大波及能力,叠加表面活性剂超低界面张力带来的洗油能力,可以发挥现有驱油体系的技术优势,获得最佳的驱油效果。为了保证非均相复合驱油体系能够充分发挥扩大波及和洗油能力的优势,在设计完成非均相复合体系配方后需开展 B-PPG、聚合物及表面活性剂三相间的相互作用研究。

1. B-PPG 与聚合物加和作用

在非均相体系中,聚合物具有流度调节、悬浮 B-PPG 的作用,可防止颗粒沉降。实验测定了不同浓度、不同配比的体系的黏度和弹性模量(表 8-14),并据此确定了聚合物 HPAM 与 B-PPG 间的最佳配比及浓度。

表 8-14　HPAM、B-PPG 单一及复配体系黏弹性能

样品	c/(mg/L)	表观黏度/(mPa·s)	G'/Pa	δ/(°)
HPAM	1500	26.4	0.02	84.6
B-PPG	1500	24.1	0.52	15.2
B-PPG+HPAM	1500+1500	51.3	1.09	26.6
	1200+1200	34.8	1.01	37.9
	900+900	27.8	0.68	32.0

注:实验条件为 70℃,TDS=6666mg/L。

由表 8-14 可知，HPAM 与 B-PPG 复配后体系弹性模量明显高于 HPAM、B-PPG 单一体系弹性模量之和，且随着浓度升高，黏度和弹性模量 G' 均呈升高趋势。结合流度比与提高采收率关系（流度比 0.15～0.4），建议使用总浓度为 2400mg/L。由表 8-15 可知，复配体系总浓度为 2400mg/L 不变的情况下，聚合物比例增加，黏度升高明显，B-PPG 含量升高，弹性模量升高。综合考虑，选择 B-PPG 与 HPAM 配比为 1∶1。

表 8-15　HPAM 与 B-PPG 不同配比复配体系的黏弹性能

样品	c/(mg/L)	表观黏度/(mPa·s)	G'/Pa	δ/(°)
	1200+1200	34.8	1.01	37.9
B-PPG+HPAM	800+1600	35.5	0.83	22.3
	1600+800	21.5	0.99	19.6

2.B-PPG 及聚合物对油水界面张力的影响

1)B-PPG 对油水界面张力的影响

非均相复合驱油体系黏度的增加不仅影响表面活性剂由体相向界面的扩散速度，还会影响表面活性剂在油水界面的高效排布，因此研究前二者对界面张力影响尤为重要。表 8-16、图 8-14 给出了单一表面活性剂体系及由 B-PPG、聚合物和

表 8-16　单一活性剂与复合体系界面张力测试结果

体系	界面张力/(mN/m)
单一活性剂(0.2% SLPS+0.2% 1#)	4.7×10^{-3}
非均相体系(0.2% SLPS+0.2% 1#+1000mg/L B-PPG+1000mg/L 5#)	5.9×10^{-3}

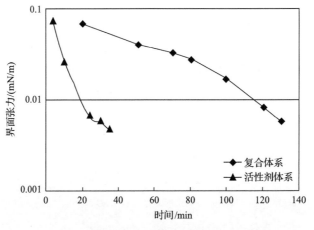

图 8-14　非均相复合驱体系界面张力测试结果

表面活性剂组成的非均相复合驱体系的界面张力测试结果。从试验结果来看，非均相复合驱油体系与原油间的界面张力为 5.9×10^{-3}mN/m，比单一表面活性剂体系原油间界面张力略有增加；同时非均相复合驱油体系黏度比单一表面活性剂体系黏度大幅增加，使得达到超低界面张力的时间增加，但仍然达到超低界面张力的要求（10^{-3}mN/m 数量级），因此非均相复合驱油体系有较高的驱油效率。

2）聚合物对油水界面张力的影响

实验在各表面活性剂复配体系中加入 1800mg/L 聚合物，考查了 2#、3#、4#、5#四种聚合物对界面张力的影响，结果见表 8-17。由结果可以看出，3#聚合物虽然可使体系的界面张力达到超低界面张力，但体系黏度降低；2#、5#、8#三种聚合物不仅可使体系的界面张力达到超低水平，还具有增黏效果，表现出良好的配伍性。

表 8-17　聚合物对复配体系界面张力的影响

序号	体系	界面张力/(mN/m)	黏度/(mPa·s)
1	0.18% 2#	—	26.8
2	0.18% 2#+0.2% SLPS+0.2% GO2-2B1	8.0×10^{-3}	31.9
3	0.18% 2#+0.2% SLPS+0.2% GO2-2B2	5.2×10^{-3}	31.8
4	0.18% 2#+0.2% SLPS+0.2% GO2-2B3	2.7×10^{-3}	28.9
5	0.18% 2#+0.2% SLPS+0.2% 1#	6.7×10^{-3}	31.7
6	0.18% 3#	—	28.6
7	0.18% 3#+0.2% SLPS+0.2% GO2-2B1	5.9×10^{-3}	19.8
8	0.18% 3#+0.2% SLPS+0.2% GO2-2B2	1.8×10^{-3}	20.1
9	0.18% 3#+0.2% SLPS+0.2% GO2-2B3	2.2×10^{-3}	20.9
10	0.18% 3#+0.2% SLPS+0.2% 1#	5.0×10^{-3}	25.0
11	0.18% 5#	—	28.0
12	0.18% 5#+0.2% SLPS+0.2% GO2-2B1	8.5×10^{-3}	28.3
13	0.18% 5#+0.2% SLPS+0.2% GO2-2B2	4.9×10^{-3}	28.7
14	0.18% 5#+0.2% SLPS+0.2% GO2-2B3	1.8×10^{-3}	28.5
15	0.18% 5#+0.2% SLPS+0.2% 1#	6.5×10^{-3}	28.9
16	0.18% 8#	—	24.1
17	0.18% 8#+0.2% SLPS+0.2% GO2-2B1	6.9×10^{-3}	32.3
18	0.18% 8#+0.2% SLPS+0.2% GO2-2B2	3.8×10^{-3}	26.9
19	0.18% 8#+0.2% SLPS+0.2% GO2-2B3	4.1×10^{-3}	27.5
20	0.18% 8#+0.2% SLPS+0.2% 1#	5.4×10^{-3}	28.6

8.2.2　热老化对非均相复合驱体系性能的影响

复合驱体系一旦注入油层就将过数月甚至数年才能采出，为了考查在地层温度下，复配体系经过长期热稳定后降低油水界面张力的能力以及黏度的稳定情况，必须进行热稳定性试验。

试验方法：将驱油体系装入安瓿瓶中，火焰封口，置入恒温箱中，定时取样测定界面张力及黏度。

试验温度：70℃。

聚合物浓度：1800mg/L。

试验配方体系：$5^{\#}$、$5^{\#}$+0.3% 2-1B1（以下简写为 1B1）、$5^{\#}$+0.3% 2-1B2（以下简写为 1B2）、$5^{\#}$+0.3% 2-1B3（以下简写为 1B3）、$5^{\#}$+0.2% SLPS+0.2% 2-2B1（以下简写为 2B1）、$5^{\#}$+0.2% SLPS+0.2% 2-2B2（以下简写为 2B2）、$5^{\#}$+0.2% SLPS+0.2% 2-2B3（以下简写为 2B3）、$5^{\#}$+0.2% SLPS+0.2% $1^{\#}$（以下简写为 $1^{\#}$）。

老化不同时间的黏度、界面张力变化见图 8-15、图 8-16。随着老化时间的加

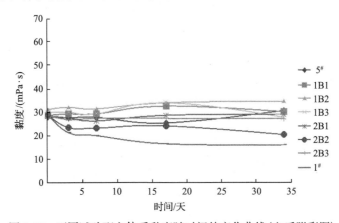

图 8-15　不同试验配方体系黏度随时间的变化曲线（文后附彩图）

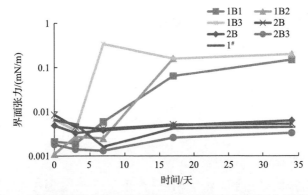

图 8-16　不同试验配方体系界面张力随时间的变化曲线（文后附彩图）

长，2B1、2B2、2B3、1#四个复配体系黏度基本保持不变，界面张力均达到超低要求，这说明体系注入油藏之后基本能保持超低界面张力，如果体系界面张力变化大，则体系配方需要进行调整。

8.2.3　非均相复合驱的色谱分离研究

非均相复合驱借助的是 B-PPG、聚合物、表面活性剂各组分之间有效的协同效应来提高体系黏度、降低体系界面张力，从而提高驱油体系的波及体积与洗油效率。驱油体系所含化学组分多，驱油机理复杂，复合驱各组分在地层运移过程中表现出的吸附滞留与色谱分离是影响非均相复合驱体系驱油效果的重要因素，因此研究色谱分离的目的就是确定化学剂协同效应发挥的最低浓度，指导各化学剂用量，确保矿场实施成功率。

试验条件：温度 70℃；油砂为孤岛中一区 Ng$_3$ 油砂。

试验方法：在直径为 1.0cm、长度为 100cm 的模型上进行。试验前对模型抽空，饱和水。注入 0.3PV 的驱替液，然后转水驱，检测出口浓度至浓度为 0 时结束试验。绘制注入倍数与化学剂浓度曲线，图 8-17 为非均相复合驱体系各组分的色谱分离情况。

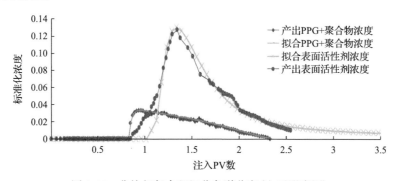

图 8-17　非均相复合驱组分色谱分离(文后附彩图)

在注入 1.3PV 时，化学剂开始被检测出，在 2.0PV～2.5PV 之间相继达到最大，其中聚合物最早达到峰值，这是因为聚合物分子量较大，在运移过程中只能进入油砂中的大孔隙，不能进入油砂大孔隙所以最先出峰。最后出峰的是活性剂，BES 与 PS 是阴离子与阳离子的混合物，对油砂的吸附量较大，滞留时间长，所以出峰时间晚。在注入 3.0PV 时化学剂浓度降至较低水平。可以看出活性剂之间的色谱分离现象并不严重。

8.2.4　物理模拟实验

物理模拟实验是室内评价复合驱的一个重要环节。它通过在实验室模拟地层条件(包括地层实际温度、压力、渗透率、含油饱和度等)对筛选配方进行注入浓度、注入段塞、注入时机等实验,对配方进行进一步优化,制定合适的注入方案。

1. 体系浓度及配比优化

开展驱油流程试验首先必须进行油水样的制备,配制饱和岩心用的地层水、驱油用的注入水,配制地层条件下黏度的模拟油样。

油水准备:配制孤岛中一区 Ng_3 模拟注入水(矿化度 6666mg/L),用煤油和生产井脱水原油配制模拟油。

岩心模型:用石英砂充填的双管模型,长 30cm,直径 2.5cm,高管渗透率 $3000 \times 10^{-3} \mu m^2$、低管渗透率 $1000 \times 10^{-3} \mu m^2$。

试验步骤:模型抽空饱和水,饱和油,然后水驱至含水率为 92%~94%,转注化学剂段塞,最后水驱至含水率为 98%~100%。

为了最大程度地发挥驱油体系的技术优势和驱油效果,开展了非均相复合驱油体系的浓度最优化设计,考查了不同浓度及配比条件下的驱油效果(图 8-18)。

驱油试验结果表明,B-PPG 与聚合物在总浓度为 2400mg/L 条件下以 1∶1 复配时驱油效果最佳(表 8-18)。

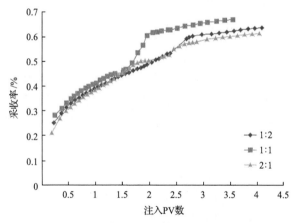

图 8-18　不同配比驱油体系驱油效果对比

表 8-18　非均相复合驱油体系驱油效果

总浓度/(mg/L)	B-PPG∶聚合物	最终采收率/%	EOR/%
	1∶2	63.4	13.2
2400	1∶1	66.9	16.7
	2∶1	61.2	11.0
2000	1∶1	64.2	14.0

2. 注入段塞筛选

一般随着注入段塞的增大，提高采收率增大，但从注剂利用率上看注入 0.3PV 时会出现明显的拐点，因此一般段塞大小确定为 0.3PV 比较经济合理。

3. 非均相复合驱与二元驱、单一聚合物驱对比试验

1) 水驱后驱油效果对比

对比研究了段塞尺寸都为 0.3PV，1800mg/L 聚合物驱、1800mg/L B-PPG 驱、0.4%表面活性剂+1800mg/L 聚合物驱、0.4%表面活性剂+900mg/L B-PPG+900mg/L 聚合物驱的双管驱油效果（表 8-19）。

表 8-19 不同驱油体系的驱油效果

驱替方式	注入段塞	综合采收率/%	提高采收率/%
水驱	0	46.9	0
聚合物驱	0.3PV 1800mg/L P	53.1	6.2
B-PPG 驱	0.3PV 1800mg/L B-PPG	60.5	13.6
二元驱	0.3PV 0.4% S+1800mg/L P	60.3	13.4
非均相复合驱	0.3PV 0.4% S+900mg/L B-PPG+900mg/L P	69.3	22.4

注：P 为聚合物；S 为表面活性剂。

驱油结果表明，B-PPG 能够有效地改善剩余油丰富的低渗管的开发状况；非均相复合驱不仅兼具 B-PPG 突出的剖面调整能力，还发挥了表面活性剂的洗油能力，因此，提高采收率效果比聚合物驱、B-PPG 驱、二元驱的都高。

2) 聚合物驱后驱油效果对比

岩心模型：用石英砂充填的管子模型，长 30cm，直径 2.5cm，高、低渗管渗透率分别为 $1000 \times 10^{-3} \mu m^2$ 和 $5000 \times 10^{-3} \mu m^2$。

驱油步骤：岩心抽空—饱和水—饱和油—水驱至含水率为 94%，转注 0.3PV 1800mg/L 聚合物段塞；后续水驱至含水率为 94%~95%，转注 0.3PV 非均相复合驱油体系，后续水驱至含水率为 98%结束，结果如图 8-19 所示，表 8-20 为聚合物驱后不同体系的驱油效果对比结果。

结果表明，聚合物驱后非均相复合驱能够一步提高采收率 13.6%，明显优于聚合物驱后二元驱 4.8%的驱油效果。可见非均相复合驱能够有效改善剩余油丰富的低渗区域的开发状况，是发挥驱油体系优点的提高采收率的最佳方法。

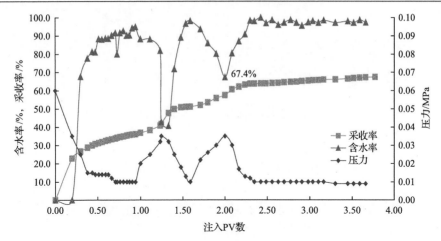

图 8-19　聚合物驱后非均相复合驱驱油效果

表 8-20　聚合物驱后不同体系驱油效果对比

驱替方式		最终采收率/%	比水驱提高采收率/%	比聚驱提高采收率/%
水驱		45.2		
聚合物驱		53.8	8.6	
聚合物驱后	聚合物驱	56.8	11.6	3.0
	二元驱	58.6	13.4	4.8
	B-PPG+聚合物	61.3	16.1	7.5
	B-PPG+聚合物+表面活性剂	67.4	22.2	13.6

4. 室内推荐配方的确定

通过以上配方体系的有效性评价可以确定非均相复合驱配方的浓度、配比、注入段塞、注入方式等，为方案的优化提供基础数据。

室内推荐非均相复合驱油体系配方为 900mg/L B-PPG+900mg/L 聚合物+0.4% 表面活性剂。

第 9 章 非均相复合驱在多孔介质中的 流动特征及驱油机理

9.1 引　　言

目前，非均相复合驱技术取得了突破性进展，但是由于非均相复合驱技术的复杂性，有必要深入研究非均相复合驱体系在多孔介质中的渗流特征，为考查其在油层中的驱替动态和波及规律奠定基础，从而进一步指导认识非均相复合驱油机理，为矿场见效特征分析提供有力依据。

岩心渗流实验是油气田开发过程中最重要的基础实验之一，尤其在三次采油中，评价与改进驱油体系与油藏的配伍性、预测驱油体系起压速率与起压压力及提高原油采收率机理等研究工作中有着重要的意义。天然岩心属于不可再生资源，获取困难，成本极高，因此不适合在岩心渗流实验中广泛使用。在油田开发过程中，往往采用与油层条件类似且仿真度极高的人造多孔介质岩心进行相关实验，获得不同驱油体系的渗流性能和驱替参数，对油气田开发具有重要的指导价值。

B-PPG 是含有部分交联部分支化结构的聚合物，在多孔介质中的流动呈现非牛顿效应，加之孔隙结构复杂，使 B-PPG 悬浮液在多孔介质中的流动行为明显不同于常规聚合物流体。而聚合物流体在多孔介质中的渗流规律是确定聚合物在多孔介质中黏弹性效应的基础，而且它与聚合物驱油效果密切相关，可以有效地预测油井的产能，因此，研究 B-PPG 在多孔介质中的渗流机理具有重要的意义。

作为一种新型的颗粒驱油剂，B-PPG 在水中仅溶胀而不溶解，不能形成均相的驱替体系，因此，作为驱油剂，B-PPG 是否真正具有调驱能力，能够满足长期驱替对其注入和在岩心中的运移的要求，成为研究的焦点。因此，一方面需要证明 B-PPG 在多孔介质里的运移性能，得到 B-PPG 在多孔介质里的流动机理；另一方面需要采用多种测试方法表征该新型颗粒驱油剂在多孔介质里的渗流机理和微观驱油机理。但岩心渗流实验是一个工程实验，其过程复杂、耗时长。因此需要建立 B-PPG 在多孔介质中的渗流模型，得到流变参数与渗流特性之间的关系，这样不通过室内评价实验即可预测 B-PPG 在多孔介质里运移的渗流规律，大大缩短实验周期，达到事半功倍的效果。

9.2　实 验 部 分

9.2.1　模拟油的配制

在原油中加入一定量的煤油，混合均匀。60℃下黏度为 16mPa·s，密度为 942.7kg/m³。

9.2.2　单管岩心渗流实验

图 9-1 为岩心渗流装置示意图，由高精密低速压力泵、储液罐、压力表和填砂管组成，为保证注入 B-PPG 悬浮液过程中体系均一，使用磁力搅拌器搅拌储液罐，转速为 200r/min。整个渗流实验在数字控温箱中进行，流体注入速度为 0.5mL/min，实验温度为 70℃。实验所用的多孔介质为自制填砂管，长为 30cm，内径为 2.5cm，根据不同的渗透率要求填入不同比例、不同目数的石英砂。如不特殊说明，本章所用填砂管的渗透率为 $(1500\pm15)\times10^{-3}\mu m^2$，孔隙体积为 $(50\pm0.5)cm^3$。

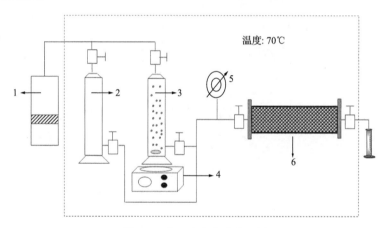

图 9-1　岩心渗流实验流程图

1-高精密低速压力泵；2-盐水储液罐；3-聚合物储液罐；4-磁力搅拌器；5-压力表；6-填砂管

实验首先向填砂管中注入矿化度为 19334mg/L 的盐水，每隔一定时间记录进口压力；当压力平衡后，改注 2000mg/L 的 B-PPG 悬浮液，定时记录压力，待压力平衡后进行后续水驱至平衡。

聚合物流体增加注入水的黏度和降低油层水相渗透率，扩大波及体积的能力可以用流体和注入水流经多孔介质过程的流度比来描述，即阻力系数(RF)。降低油层水相渗透率的能力用聚合物流体和注入水流经多孔介质过程的渗透率比来描述，即残余阻力系数(RRF)。驱替前后的 RF 和 RRF 可通过式(9-1)和式(9-2)获得：

$$\text{RF} = K_{\text{w}}/K_{\text{p}} \frac{\dfrac{Q_{\text{w}}\mu_{\text{w}}L}{A\Delta P_{\text{w}}}}{\dfrac{Q_{\text{p}}\mu_{\text{p}}L}{A\Delta P_{\text{p}}}} = \frac{\dfrac{Q_{\text{w}}\mu_{\text{w}}}{\Delta P_{\text{w}}}}{\dfrac{Q_{\text{p}}\mu_{\text{p}}}{\Delta P_{\text{p}}}} = \frac{\Delta P_{\text{p}}Q_{\text{w}}\mu_{\text{w}}}{\Delta P_{\text{w}}Q_{\text{p}}\mu_{\text{p}}} = \frac{\Delta P_{\text{p}}t_{\text{p}}\mu_{\text{w}}}{\Delta P_{\text{w}}t_{\text{w}}\mu_{\text{p}}} \tag{9-1}$$

$$\text{RRF} = K_{\text{w}}/K_{\text{wl}} = \frac{\dfrac{Q_{\text{w}}\mu_{\text{w}}L}{A\Delta P_{\text{w}}}}{\dfrac{Q_{\text{wl}}\mu_{\text{wl}}L}{A\Delta P_{\text{wl}}}} = \frac{\dfrac{Q_{\text{w}}\mu_{\text{w}}}{\Delta P_{\text{w}}}}{\dfrac{Q_{\text{wl}}\mu_{\text{wl}}}{\Delta P_{\text{wl}}}} = \frac{\Delta P_{\text{wl}}Q_{\text{w}}\mu_{\text{w}}}{\Delta P_{\text{w}}Q_{\text{wl}}\mu_{\text{wl}}} = \frac{\Delta P_{\text{wl}}t_{\text{wl}}\mu_{\text{w}}}{\Delta P_{\text{w}}t_{\text{w}}\mu_{\text{wl}}} \tag{9-2}$$

式中，K 为渗透率；Q 为注入速度；μ 为黏度；L 为长度；A 为横截面积；P 为压力；下标 w 表示水驱；下标 p 表示聚合物驱；下标 wl 表示后续水驱。

9.2.3　双管岩心平行实验

为了研究 B-PPG 的调驱性能，设计了双管岩心平行实验，如图 9-2 所示，低渗透率和高渗透率填砂管的渗透率分别为 $(1000\pm10)\times10^{-3}\mu\text{m}^2$ 和 $(5000\pm15)\times10^{-3}\mu\text{m}^2$，两平行渗流管的总孔隙体积为 $(101.6\pm0.5)\,\text{cm}^3$。以合注分采的方式注入盐水和 B-PPG 悬浮液，注入速度为 0.5mL/min，实验温度为 70℃。

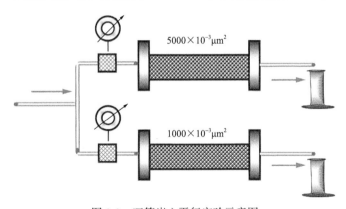

图 9-2　双管岩心平行实验示意图

当注入 1PV 矿化度为 19334mg/L 盐水后，改注 1PV 2000mg/L 的 B-PPG 悬浮液，之后进行后续水驱。实验过程中定时记录压力变化及高、低渗透率填砂管的产液量，通过分析分流量曲线来对比研究 B-PPG 悬浮液的调驱性能。

9.2.4　双管岩心串联实验

图 9-3 所示为双管岩心串联实验示意图，采用 20cm 与 30cm 填砂管串联使用，在入口段和中间连接处各放置一压力表，两个填砂管的渗透率均为 $(1500\pm$

$15)\times10^{-3}\mu m^2$，总的孔隙体积为$(87\pm0.5)cm^3$。注入速度为 0.5mL/min，实验温度为 70℃。

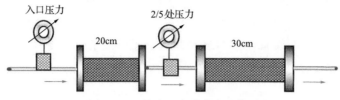

图 9-3　双管岩心串联实验示意图

9.2.5　自制微观可视驱油实验

1. 微观模型的制备

首先用胶泥将两片光滑的亚克力板边缘粘牢，保留一边孔隙，使用直径为 0.4mm 的玻璃微珠填充入两片板之间，边填充边轻微振动，确保玻璃微珠填充紧实；填满后用针头插入亚克力板短边两侧胶泥，放入模型中，用硅胶填满模型孔隙部分，24h 后固化成型即可。安装高清摄像设备后，即可进行微观驱替实验，如图 9-4 所示。

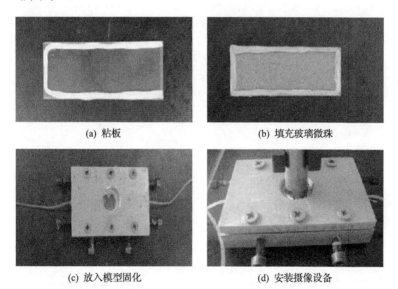

(a) 粘板　　　　　　　　　　　(b) 填充玻璃微珠

(c) 放入模型固化　　　　　　　(d) 安装摄像设备

图 9-4　微观可视模型制备

2. 实验步骤

(1)向微观模型中注入矿化度为 30000mg/L 的盐水至饱和。

（2）向模型中注入模拟油至饱和。

（3）缓慢匀速向微观模型中注入矿化度为 30000mg/L 的盐水，至出口端不再出油为止，并在此过程中全程录取驱替过程的动态图像。

（4）以相同注入速度向模型中注入 HPAM 溶液至出口端不再出油为止。

（5）以相同注入速度向模型中改注 B-PPG 悬浮液至出口端不再出油为止。

（6）清洗模型，分析图像，实验结束。

9.2.6　微观可视驱油实验

采用海安县石油科研仪器有限公司的微观驱替物理模拟系统进行微观可视驱油实验，实验装置如图 9-5 所示。微观驱替物模拟系统通过高倍显微镜和玻璃刻蚀模型，直接观察油水在模型中的渗流情况和通过油驱水、水驱油，聚合物驱及其他化学驱后残余油分布情况，通过带有采集口的显微镜把驱替时流体每一步流动情况通过软件实时采集到计算机，定量描述微观孔隙结构驱替过程中油水饱和度分布及大小。

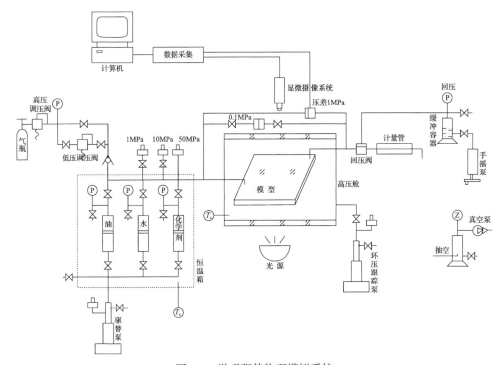

图 9-5　微观驱替物理模拟系统

实验首先将微观模型抽真空，饱和油；然后以 0.05mL/min 的速度向模型中缓慢水驱油至模型不出油为止，同时观察、记录剩余油分布状态；然后以 0.1mL/h

的速度缓慢注入 HPAM 溶液、B-PPG 悬浮液，观察残余油启动状况，并录取驱替过程中的动态图像，对每个阶段的起始状态进行整体图像和微观孔喉的拍照记录，通过分析图像，研究剩余油分布状态和规律。

实验工作压力约为常压(50MPa)，实验温度为 25℃，采用的玻璃刻蚀模型规格为 45mm×45mm。

9.3　非均相复合驱体系在多孔介质中的渗流特征

9.3.1　非均相复合驱体系的注入能力

根据对岩心注入端面、采出液悬浮颗粒粒径中值的观察与测试，如表 9-1 所示，黏弹性颗粒驱油剂注入端面仅有少量颗粒堆积，且粒径中值结果显示采出液中有颗粒流出，说明黏弹性颗粒驱油剂具有较好的注入和驱替性能。通过注入黏弹性颗粒驱油剂前后岩心内部测压点的压力变化对比，考查了聚合物与黏弹性颗粒驱油剂的驱动性能。图 9-6 结果显示，聚合物作为均匀溶液，在岩心中运移较平稳，岩心各测压点压力几乎同时呈规律性增高，但封堵效果不明显，岩心进口的注入压力最高不到 0.04MPa。注入黏弹性颗粒驱油剂后压力上升明显，最高注入压力为 0.35MPa，有明显的封堵效果，且黏弹性颗粒驱油剂颗粒在岩心孔隙中不断重复堆积—压力升高—变形通过—压力降低的过程，实现了在岩心内部的运移并进入岩心深部，产生了良好的调驱效果。在后续水驱阶段，黏弹性颗粒驱油剂的继续运移使驱替过程持续有效，测压点的压力缓慢下降说明后续水驱岩心渗透率恢复能力较好。

表 9-1　注入液与采出液粒径中值测定

样品	阻力系数	残余阻力系数	注入液粒径中值/μm	采出液粒径中值/μm
聚合物	12	1.8	—	—
B-PPG	154	4.2	561	136

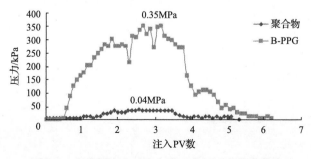

图 9-6　驱油剂注入过程中岩心内部压力传递曲线

为进一步证明 B-PPG 颗粒在填砂管中的运移,进行了 20cm+30cm 两段填砂管渗流实验。在 20cm 填砂管与 30cm 填砂管中间安置一测压表,测得压力称为 2/5 处压力。

图 9-7 和图 9-8 分别为低交联含量(E137)和高交联含量(E146)B-PPG 悬浮液的双管串联岩心实验压力传递曲线,可以发现两个样品在 2/5 处压力的变化与进口压力均呈一定比例关系,表明 B-PPG 颗粒能够在多孔介质中能够较好运移,压力能够很好地传递。同时可以发现,两个样品的进口压力曲线均呈现波动状态,即先增加、降低,再增加、降低,最后趋于平衡,这就是 B-PPG 样品颗粒先后对两段填砂管进行交替调驱的结果。此外可以发现,B-PPG 样品的交联度越高,压力传递性越好,而且达到平衡的时间越短,聚驱时达到的平衡压力越高,如表 9-2 所示。

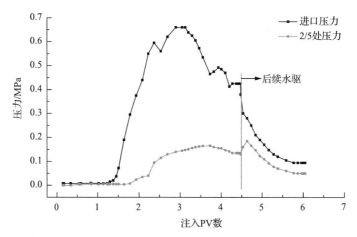

图 9-7　低交联含量(E137)B-PPG 悬浮液的双管串联岩心实验压力传递曲线

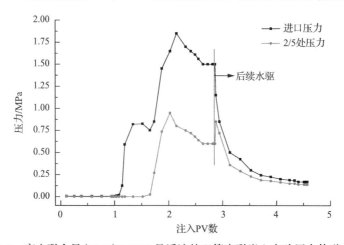

图 9-8　高交联含量(E146)B-PPG 悬浮液的双管串联岩心实验压力传递曲线

仔细观察图 9-7 和图 9-8 渗流曲线还可以发现，当后续水驱开始后，两样品进口压力均呈现明显的下降趋势，而 2/5 处压力均呈现先增加再降低的趋势，这是由于当后续水驱开始后，注入水冲散 20cm 填砂管中的 B-PPG 颗粒以后，30cm 填砂管中的流体尚未被冲开，于是压力集中在 2/5 测压点处，导致 2/5 测压点处压力升高，该现象至少说明 B-PPG 悬浮颗粒对填砂管渗透率的调整到达了第二段，因此 B-PPG 颗粒在多孔介质中的运移距离至少超过 20cm，这一现象也有力地证明了 B-PPG 颗粒在填砂管中有明显的运移能力，能同时获得既调且驱的效果。

表 9-2　岩心实验测试结果

B-PPG	聚驱平衡压力/MPa		后续水驱平衡压力/MPa	
	入口压力	2/5 处压力	入口压力	2/5 处压力
E137	0.425	0.135	0.095	0.050
E146	1.500	0.600	0.170	0.140

9.3.2　注入及运移能力影响因素分析

非均相复合驱作为聚驱后油藏提高采收率的一种重要方法，其驱油效果的好坏取决于多种因素，其中很重要的一个因素是黏弹性颗粒驱油剂的注入能力及运移，这一因素直接决定了非均相复合驱油的成败。影响黏弹性颗粒驱油剂注入及运移能力的影响因素众多，主要有以下几个。

1. 黏弹性颗粒驱油剂弹性

B-PPG 悬浮液在流变仪中的性能与在岩心中的渗流性能有何关系？如何将测得的 B-PPG 悬浮液模量与渗流实验结果联系起来，是一个有意义的问题。因为在之前凝胶含量和流变测试实验中发现，通过动力学条件控制，由不同配方和不同工艺条件合成获得的交联可控的 B-PPG 样品，采用 TA-AR2000ex 流变仪平板模式进行流变性能测试，200μm 平板间距下测得的弹性模量 G' 与凝胶含量呈线性关系，即随凝胶含量的增加，B-PPG 悬浮液在 200μm 板间距下测得的 G' 增加，二者呈明显的对应关系，如图 9-9 和表 9-3 所示，其近似关系为：凝胶含量(%)= $5.437G' + 20.14$。该关系式在某种程度上也可以证明，B-PPG 的弹性模量的增加是由于其自身交联程度增加。

对六个不同交联度，粒径为 100～150 目，2000mg/L 的 B-PPG 悬浮液进行岩心渗流实验。填砂管渗透率为 $1500 \times 10^{-3} \mu m^2$，注入水为矿化度 30000mg/L 的盐水，流体注入速度为 0.5mL/min，实验温度为 70℃。

通过不同交联度 B-PPG 悬浮液单管岩心渗流实验的测试发现（图 9-10），B-PPG 样品在填砂管中有明显的运移，且压力曲线均随注入时间出现明显的波动，说明 B-PPG 在填砂管中以一种特殊和独有的积累-变形通过交互运动的方式向前运动，起到调驱作用。

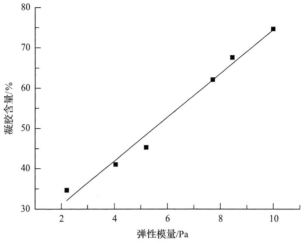

图 9-9　凝胶含量与弹性模量关系

表 9-3　凝胶含量与 B-PPG 流变性能关系

B-PPG	G'/Pa	G''/Pa	凝胶含量/%
E137	2.206	1.323	34.64
E108	4.053	1.672	41.03
E141	5.206	1.987	45.28
E148	7.705	2.877	62.11
E146	8.449	2.716	67.58
E145	9.989	2.319	74.69

注：动态振荡测试条件为平板模式，200μm 平板间距，1Hz，应力 0.1Pa；黏度测试条件为平板模式，1000μm 平板间距，剪切速率 7.34s^{-1}。

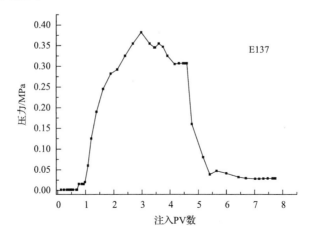

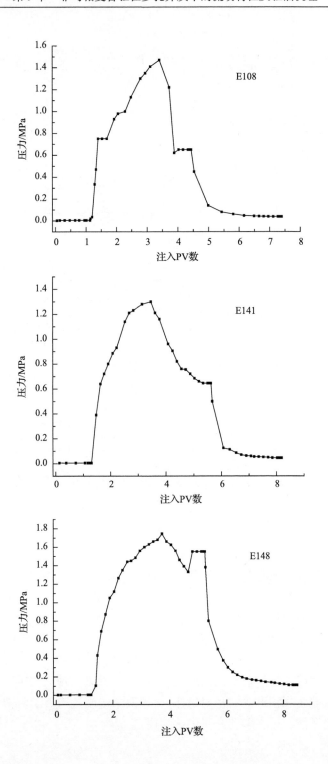

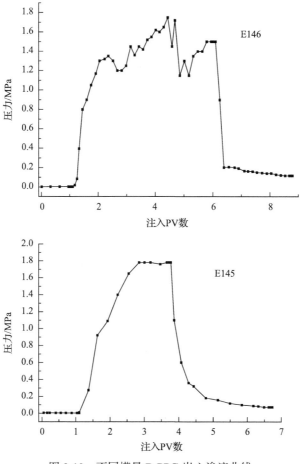

图 9-10　不同模量 B-PPG 岩心渗流曲线

　　观察六组 B-PPG 悬浮液的渗流曲线，发现其在多孔介质中压力变化的曲线具有相似性，如图 9-11 所示。水驱阶段，压力变化较小，很快达到平衡状态；B-PPG 驱开始后，压力迅速增加，表明封堵作用形成，填砂管的渗透率降低；当压力达到最大值后，压力出现波动，直至平衡。压力曲线波动说明 B-PPG 颗粒在多孔介质中历经动态的"颗粒积累—颗粒压缩—颗粒变形通过"运移过程。当颗粒封堵的速度与颗粒变形通过的速度相等时，压力即达到平衡，流体对填砂管渗透率的调整也趋近平衡态。后续水驱开始后，部分颗粒被冲开，填砂管渗透率增大，压力也开始下降。

　　实验后观察填砂管的端面，如图 9-12 所示，并未出现"滤饼"现象（流体封堵填砂管时在端面累积形成致密聚集体），端面未造成封堵，说明 B-PPG 悬浮液具有较好的变形性，可在多孔介质中运移通过。

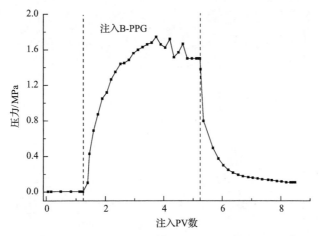

图 9-11　B-PPG 典型的岩心渗流曲线

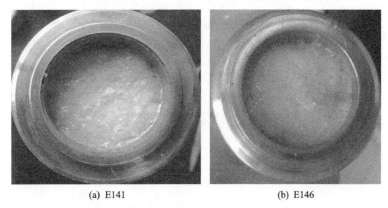

(a) E141　　　　　　　　　　(b) E146

图 9-12　B-PPG 驱后填砂管入口端面(文后附彩图)

　　将实验结束后填砂管中的石英砂敲出，如图 9-13 所示，发现从端部到尾部，石英砂黏结均匀，未出现端部较硬、尾部松散的效果，表明经过一定压力梯度的驱替后，B-PPG 颗粒在多孔介质中的运移到达了尾部，在填砂管中分布均匀，证明其在填砂管中具有良好的运移能力。

　　将六组渗流实验的平衡压力和阻力系数、残余阻力系数汇总于表 9-4，可以发现，所有 B-PPG 悬浮液的聚合物驱平衡压力、阻力系数都较高，远大于线型聚合物 HPAM（表中 SL-1、SL-2、SL-3 分别为部分水解聚丙烯酰胺、梳型聚丙烯酰胺和模板聚丙烯酰胺，均为线型聚合物），表明 B-PPG 在油藏现场应用时具有比线型聚丙烯酰胺更高效的增压能力。通过比较可以发现，聚合物驱平衡压力与样品的交联度密切相关，随着 B-PPG 的凝胶含量增加，弹性模量增加，平衡压力也呈相应的上升趋势。即 B-PPG 悬浮液的黏弹性与其在多孔介质中的流动存在必然联

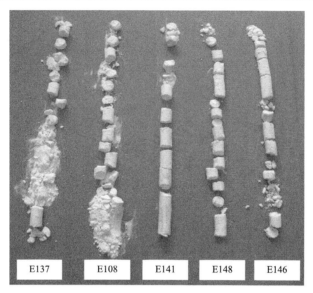

图 9-13　B-PPG 驱后填砂(文后附彩图)

表 9-4　岩心渗流实验数据

B-PPG	聚驱平衡压力/MPa	后续水驱平衡压力/MPa	RF	RRF
E137	0.307	0.029	201.3	17.6
E108	0.650	0.038	184.5	10.3
E141	0.645	0.045	131.8	8.5
E148	1.550	0.110	342.6	23.4
E146	1.500	0.117	445.1	33.8
E145	1.780	0.072	389.3	16.8
SL-1	0.088	0.053	16.0	9.63
SL-2	0.0909	0.04	14.4	6.35
SL-3	0.21	0.052	42.0	10.4

系,对此设想通过流变测试中的某敏感性参数与 B-PPG 悬浮液的渗流性能关联起来,此部分将在 9.3.3 节进行详细讨论。

2. 黏弹性颗粒驱油剂粒径

为了满足现场需要,黏弹性颗粒驱油剂有多种粒径。图 9-14、表 9-5 分别是粒径为 60~100 目、100~150 目、150~200 目的黏弹性颗粒驱油剂在渗透率 $1500×10^{-3}\mu m^2$ 下的注入曲线及相应的注入压力等参数值。同一渗透率下,黏弹性颗粒驱油剂粒径越大,聚驱压力越大。

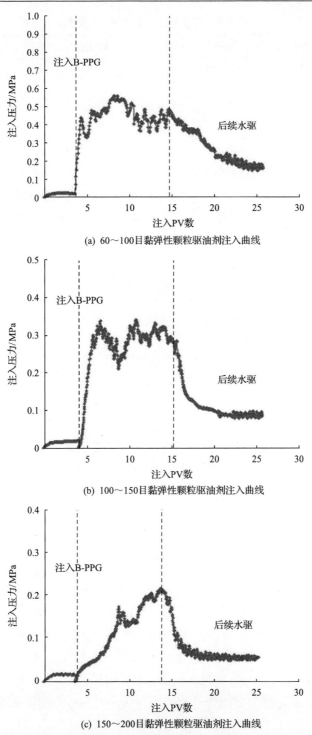

(a) 60～100目黏弹性颗粒驱油剂注入曲线

(b) 100～150目黏弹性颗粒驱油剂注入曲线

(c) 150～200目黏弹性颗粒驱油剂注入曲线

图 9-14 不同粒径黏弹性颗粒驱油剂注入曲线

表 9-5　黏弹性颗粒驱油剂注入参数

黏弹性颗粒驱油剂粒径/目	聚驱压力/MPa	阻力系数	残余阻力系数
60~100	0.4878	65.6	19.5
100~150	0.3174	52.6	14.7
150~200	0.1883	37.4	10.1

3. 油藏温度

温度对黏弹性颗粒驱油剂注入能力的影响不大。如图 9-15 所示，温度为 50℃时，压力升得最高；温度为 70℃的压力比温度为 90℃时的压力稍大。三条曲线都在 3PV 之后开始稳定直到后续水驱，后续水驱稳定压力相差不大，可见温度对黏弹性颗粒驱油剂的驱替效果没有明显的影响。

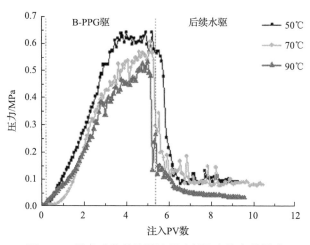

图 9-15　温度对黏弹性颗粒驱油剂注入能力的影响

4. 矿化度

黏弹性颗粒驱油剂分子结构中引入了耐温抗盐基团，因此具有良好的耐温抗盐性能。图 9-16 为在不同矿化度盐水中黏弹性颗粒驱油剂的黏度变化曲线，可以看到，矿化度从 5000mg/L 变化到 50000mg/L 时，黏弹性颗粒驱油剂悬浮液黏度从 153.5mPa·s 降为 111.5mPa·s，变化幅度很小，表明黏弹性颗粒驱油剂有良好的抗盐能力；从注入曲线图 9-17 也可以看出，矿化度对黏弹性颗粒驱油剂的驱替效果没有明显影响。矿化度为 5000mg/L 的注入压力略高于矿化度为 20000mg/L 和 50000mg/L，矿化度为 20000mg/L 和 50000mg/L 的压力变化曲线相似，在注入 3PV 之后开始稳定，后续水驱压力稳定，基本一致。

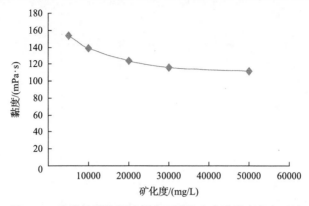

图 9-16　黏弹性颗粒驱油剂在不同盐水中黏度变化(85℃)

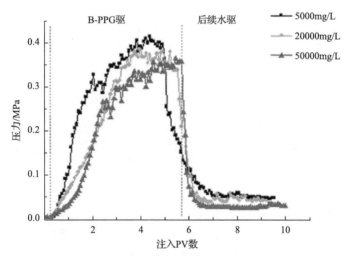

图 9-17　黏弹性颗粒驱油剂在不同矿化度下的注入曲线

5. 渗透率

渗透率是衡量流体在压力差下通过多孔岩石有效孔隙能力的一种量值，以 K 表示，它是根据达西公式确定的。研究发现，黏弹性颗粒驱油剂与地层渗透率之间存在一定的配伍关系，只有当地层渗透率与颗粒尺寸相匹配时，非均相复合驱体系才能有效地实现调驱、封堵等作用效果。由此可见，黏弹性颗粒驱油剂的粒径与油藏的渗透率、孔喉的配伍关系直接影响着产品的筛选、配方设计及矿场应用。采用物理模拟实验方法得到了黏弹性颗粒驱油剂与地层孔喉尺寸的关系（图 9-18），即黏弹性颗粒驱油剂溶胀后粒径中值与孔喉直径之比为 50～90 时，驱油剂可产生良好的调驱效果。

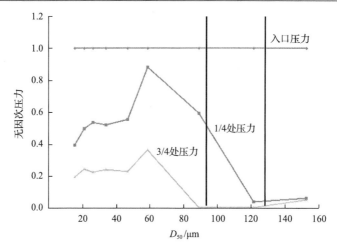

图 9-18　不同粒径黏弹性颗粒驱油剂在不同渗透率模型中渗流压力变化图

6. 非均质性

渗透率级差 (K_{mn}) 是最大渗透率 (K_{max}) 与最小渗透率 (K_{min}) 的比值，表明渗透率的分布范围及差异程度：$K_{mn}=K_{max}/K_{min}$，渗透率级差 (K_{mn}) 大于 1。级差越大，表示储层孔隙空间的非均质性越强；越接近 1，储层孔隙空间的均质性越好。

在油田注水开发过程中，油层非均质性和油层流体性质差异的影响，容易导致注入水波及效率降低。因而需要通过调剖，防止注入水沿大孔道和高渗透条带窜流，提高注入水在各个层位的波及系数，从而提高原油采收率。

黏弹性颗粒驱油剂对不同渗透率级差地层的剖面改善情况，以剖面改善率 (f) 来定量描述。剖面改善率指调剖前后高低渗透率吸水比的差与调剖前高低渗透率层吸水比的商。表达式如下：

$$f = \frac{Q_{hb}\,/\,Q_{lb} - Q_{ha}\,/\,Q_{la}}{Q_{hb}\,/\,Q_{lb}} \tag{9-3}$$

式中，Q_{hb}、Q_{ha} 为高渗透层调剖前、后的吸水量，mL；Q_{lb}、Q_{la} 为低渗透层调剖前、后的吸水量，mL。

由表 9-6 可以看出，随着渗透率级差的增大，黏弹性颗粒驱油剂调整非均质能力减弱，总体来说，在渗透率级差低于 8 的情况下，黏弹性颗粒驱油剂均有较强的调整非均质能力，同时也说明该驱油剂与此渗透率之间有良好的匹配性。

表 9-6　不同渗透率级差下黏弹性颗粒驱油剂剖面改善情况

渗透率级差	产液百分比/%		剖面改善率 /%
	调剖前	调剖后	
2	38.3	53.5	46.07
	61.7	46.5	
3	11.3	33.4	71.38
	78.7	66.6	
5	14.3	20.6	35.35
	85.7	79.4	
8	18.2	22.2	22.03
	81.8	77.8	

9.3.3　非均相复合驱体系渗流模型

作为一种全新的驱油剂，从产品的合成开发到应用于先导驱油实验、了解实际驱油效果是一个漫长的过程。为了保证先导实验的成功，新型驱油剂在应用于先导实验之前，需要通过室内岩心渗流实验来评价该驱油剂的增压能力和提高采收率的效果。但岩心渗流实验是一个工程实验，其影响因素较多，实验成本高，耗时较长，而且应该通过多次实验对其结果进行统计平均。如果在该复杂的室内渗流实验之前即可预测 B-PPG 的增压驱油效果，则会事半功倍。由于流体在多孔介质中运移本质上属于一种流变行为，与流体进行流变测试本质相同，因此考虑将 B-PPG 悬浮液的流变性能参数与渗流实验结果相结合，求得敏感性参数。

近几十年，科研人员对黏弹性流体在多孔介质中的流动行为进行了大量的研究，并提出各种相关流动模型。这些模型都是以达西定律为基础进行改进的，以黏度为参数，考查其与压差的关系：

$$v_0 = \frac{K \Delta P}{\eta L} \tag{9-4}$$

式中，v_0 为流体注入线速度，m/s；η 为流体黏度，mPa·s；K 为岩心渗透率，μm^2；ΔP 为聚驱时到达的平衡压力，MPa；L 为岩心的长度，cm。

流体注入线速度可以通过流体注入速度 Q (cm^3/s) 和填砂管的横截面积 A (cm^2) 求出：

$$v_0 = \frac{Q}{A} \tag{9-5}$$

因此达西定律可转化为

$$\Delta P = \frac{QL}{KA}\eta \tag{9-6}$$

式(9-6)为岩心渗流实验平衡压力与黏度的关系。在给定的 Q、L、K 和 A 条件下,平衡压力与黏度成正比。首先将不同交联度 B-PPG 悬浮液渗流实验的平衡压力与各自黏度作图,如图 9-19 所示。随黏度增大,B-PPG 渗流平衡压力并没有按照达西定律呈现增加趋势,反而随黏度增大而降低。

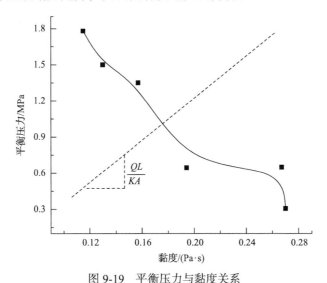

图 9-19　平衡压力与黏度关系

因此达西定律不能很好地描述部分交联结构的 B-PPG 悬浮液在多孔介质中的流动行为,通过研究线性流体得到的达西定律的规律不能直接应用于 B-PPG,需要重新建立模型。

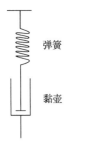

图 9-20　Maxwell 模型示意图

由于 B-PPG 悬浮液在多孔介质中流动过程中,宏观上是一种均匀的黏弹性流体,从运动学观点看,B-PPG 悬浮液在多孔介质中的流动是一种应力松弛过程。可以用 Maxwell 模型来描述。Maxwell 模型是由一个理想弹簧和一个理想黏壶串联而成,如图 9-20 所示。理想弹簧用于描述纯弹性体行为,可用胡克定律来定义;理想黏壶是在容器内装有服从牛顿流体定律的液体,用于描述黏性行为。因此将理想弹簧和理想黏壶串联起来的 Maxwell 模型可以用于描述流体的黏弹性。

根据 Maxwell 模型，模型受力时，两个元件的应力与总应力相等，而总应变则等于两个元件的应变之和：

$$\sigma = \sigma_s = \sigma_d$$

$$\varepsilon = \varepsilon_s + \varepsilon_d$$

式中，σ 为模型受到的总应力；ε 为模型总应变；下标 s、d 分别为弹簧和黏壶。

根据胡克定律和牛顿定律，弹簧和黏壶的应变可分别表示为

$$\varepsilon_s = \frac{\sigma}{E}$$

$$\varepsilon_d = \frac{\sigma}{\eta} t$$

式中，E 为弹簧的模量；η 为黏壶的黏度。

代入总应变公式，可得

$$\frac{\sigma}{E^*} = \frac{\sigma}{E} + \frac{\sigma}{\eta} t$$

因此 Maxwell 模型的总模量 E^* 可以表示为

$$E^* = \frac{E\eta}{\eta + Et}$$

对于理想弹簧来说，模量 E 代表模型的弹性大小，即弹性模量 G'，因此，E^* 可以表达为

$$E^* = \frac{G'\eta}{\eta + G't}$$

当 $t=0$ 时，$E^* = G'$。

因此 Maxwell 模型的总应力可以表示为

$$\sigma = \varepsilon E^* = \varepsilon \frac{G'\eta}{\eta + G't}$$

在岩心渗流实验中，B-PPG 悬浮液在多孔介质中流动是一种应力松弛过程，聚合物流体在多孔介质中流动时的流速（Q）对应于 B-PPG 的应变（ε），填砂管两端的压差（ΔP）对应于 B-PPG 所受的应力（σ）。流动过程中，流速的突然增加将

会使 B-PPG 的应变达到一个新的状态，应力为了维持这一新的应变需要发生相应的变化。B-PPG 的黏弹特性，这一变化需要较长的时间，因此在岩心渗流实验中，在固定流速时，需要较长时间压差才能达到平衡状态。

岩心渗流实验开始时，流速从 0 突然增加为 Q_1，B-PPG 的应变相应地从 0 突然增加到 ε_1，此时应力为 σ_1，继而应力缓慢松弛以适应 ε_1。ΔP_1 为固定流速 Q_1 下，填砂管两端的压差所能达到的稳定值，$P(t)$ 为渗流实验中的瞬时压差，可从渗流曲线上读出。$\Delta P_1 - P(t)$ 是所要维持应变 ε_1 需要的压差，当达到某一时刻 t_1 时，所需应力为 0，$P(t)$ 不再变化，其数值即为稳态压差 ΔP_1。该过程如图 9-21 所示。

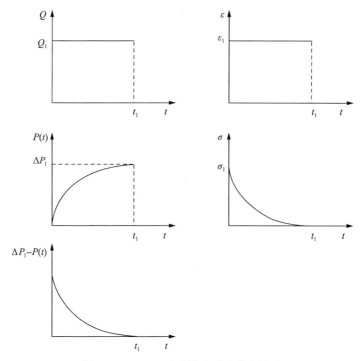

图 9-21　B-PPG 在多孔介质中应力松弛

结合之前推导的 Maxwell 模型中应力-应变的关系，可以写出 B-PPG 悬浮液在多孔介质中压差与流速的关系：

$$\Delta P_1 - P(t) = aQ_1 \frac{G'\eta}{\eta + G't}$$

式中，a 为系数。

特别的，当 $t=0$ 时，$P(t)=0$，平衡压差可表示为

$$\Delta P_1 = aQ_1 G'$$

因此，B-PPG 悬浮液的弹性模量 G' 与其在多孔介质中运移达到的平衡压差成正比。由此可知，并非传统达西定律中的参数黏度，而是弹性模量 G' 是 B-PPG 在多孔介质中流动的敏感性参数，可以用来预测所能达到的平衡压差。

这与王德民院士提出的"增加聚合物弹性将有效提高原油采收率"的观点相吻合。王德民院士通过水、甘油和黏弹性聚合物分别对不同类型的残余油进行驱替，实验发现具有黏弹性的聚合物溶液在驱替时，表现出很强的"拉、拽"作用。采用弹性不同的聚合物溶液进行驱油实验时，高弹性溶液比低弹性溶液提高采收率高达原始石油地质储量(original oil in place，OOIP)的 6%。进一步的实验证明，黏弹性聚合物的"拉、拽"作用是由溶液的弹性产生的，因此，王德民院士冲破传统的"增加溶液黏度，提高采收率"思想，提出"如果增加驱替液的弹性，采收率会显著增加"的弹性理论，这是对聚合物驱驱油机理认识上的重大发展。此外，王德民院士通过"第一法向应力差"表征聚合物溶液弹性的大小，提出弹性大小与线型聚合物分子量、分子间物理缠结作用有关。而 B-PPG 作为部分交联颗粒，自身具有较强的弹性，弹性驱油理论有望在 B-PPG 非连续非均相的驱替中得到更好的贯彻，大幅度提高采收率。

为了直接反映 B-PPG 颗粒自身储存弹性的能力的大小，需要在颗粒被压缩的状态下测试，于是选用流变仪的平板模式。由于流变测试中，板间距对颗粒悬浮液的流变测试影响很大，确定哪种测试条件下测得的 G' 可以作为敏感性参数，预测 B-PPG 在多孔介质中的平衡压差，还需要进行粒径测试和 B-PPG 悬浮液破坏实验。

图 9-22 为 B-PPG 在 30000mg/L 矿化度盐水中,溶胀 2h 后测得的粒径测试图,

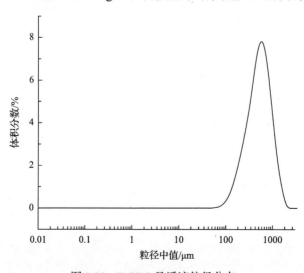

图 9-22　B-PPG 悬浮液粒径分布

溶胀 B-PPG 颗粒的粒径中值约为 550μm，对不同交联度的 B-PPG 粒径测试结果分析发现，其粒径的中值基本都维持在 550μm 左右。需要指出的是，B-PPG 干粉是通过手动粉碎、筛分得到不同粒径的产品，因此 B-PPG 干粉会有一定程度的粒径分布，溶胀后的 B-PPG 颗粒也存在一定范围的粒径分布。

采用动态振荡测试，在不同平板间距下分别测试 100～150 目，5000mg/L 的 B-PPG 悬浮液的弹性模量，频率为 1Hz，振荡应力为 0.1Pa，平板间距从 50μm 到 750μm，测试结果如图 9-23 所示，由于 B-PPG 溶胀颗粒粒径中值约为 550μm 且有一定的粒径分布，当平板间距从 750μm 减小过程中，越来越多的溶胀颗粒与两平行板接触，颗粒逐渐被压缩产生弹性变形，所以 G' 随平板间距减小而增大；当平板间距从 250μm 到 150μm 过程中，B-PPG 悬浮液的弹性模量几乎不变，因为在该平板间距下，大部分颗粒已经被两板压缩；当继续减小平板间距时，G' 逐渐减小，表明部分 B-PPG 溶胀颗粒已经被压碎或发生屈服。

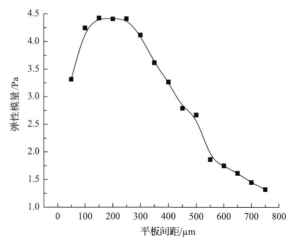

图 9-23　平板间距对 B-PPG 悬浮液弹性模量的影响

鉴于此，选择 200μm 平板间距下测得的 100～150 目干粉配制的 B-PPG 悬浮液的 G' 作为敏感性参数。

将不同交联度 B-PPG 悬浮液渗流实验平衡压差 ΔP_1 与其在 200μm 平板间距下测得的 G' 作图，如图 9-24 所示。可以看到，ΔP_1 随着 G' 的增加而增加，符合 B-PPG 在多孔介质中流动模型，即 B-PPG 在 200μm 下的 G' 大，则其在渗流实验时达到的平衡压差越高。然而 ΔP_1 随 G' 增大而增加不是无限的，因为当 200μm 下 G' 过大时，B-PPG 在水溶液中沉降明显，无法形成悬浮状态，其颗粒溶胀程度小，变形性差，难以在多孔介质中运移，只能封堵大孔喉。从严格意义上说，200μm 下 G' 过大的样品已经不属于黏弹性颗粒驱油剂，而是一种堵水剂。

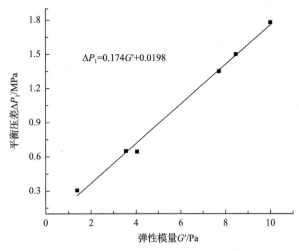

图 9-24　B-PPG 渗流实验平衡压差 ΔP_1 与弹性模量关系

将图 9-24 中曲线线性拟合，可以得到：

$$\Delta P_1 = 0.174G' + 0.0198$$

拟合方程的相关系数为 0.993，表明拟合相关性较好。截距 0.0198MPa，推测为 B-PPG 悬浮液在多孔介质中运移时的启动压力。

由此建立了 B-PPG 悬浮液在多孔介质里运移时的渗流模型，创造了一种可以快速预测 B-PPG 渗流规律的方法，即根据 200μm 平板间距下得到的 G'，可预测其在岩心渗流实验中所能达到的平衡压力。

9.4　非均相复合驱体系驱油机理

9.4.1　微观可视驱替实验

微观可视驱替模拟技术是油田为了提高采收率进行驱油研究的一项比较成熟的技术，将岩石样本薄片图像制作成孔隙模型刻蚀在玻璃板上，先用微量泵灌注使模型充满油，再将驱替液（如水、聚合物等）注入模型中，显微镜下即可观察到驱替的全过程，可以实现模拟试验的相似性和真实性。本节分别采用自制微观驱油模型和精密微观驱替物理模拟系统对 B-PPG 悬浮液的微观驱替能力进行研究。

首先采用双层亚克力板填充玻璃微珠自制多孔介质微观模型，通过图像采集系统将驱替过程的图像转化为计算机的数值信号进行分析。使用 200μm 平板间距下，弹性模量分别为 2.64Pa 和 13.78Pa 的 B-PPG，分别记为 r-B-PPG 和 y-B-PPG，进行微观驱替实验。

图 9-25 为 r-B-PPG 悬浮液微观驱替实验结果，从图中可以看出，模型先后被饱和水，饱和油，然后进行水驱，从图 9-25(d)可以看到，水驱结束后模型中仍存有大量残余油(黑色)未被驱出，由于玻璃微珠的表面润滑性，残余油主要以油珠集合状分布在较大孔道以及附着在玻璃微珠上，还有一些分布在较小的孔道中。当注入线型 HPAM 溶液后，部分大孔道中的残余油被驱替出来，HPAM 溶液驱至出口端不再出油为止，从图 4-25(e)可以看到，HPAM 驱结束后，还有较多的残余油呈集合状存在于模型中无法被驱替，同时小孔道中的残余也很难被驱替出来，由此可知线型 HPAM 溶液驱油效果不是非常显著；随后改注 r-B-PPG 悬浮液，大孔道中的残余油被迅速驱替向前移动，附着在玻璃微珠上及小孔道中的残余油也被逐步驱替出来，如图 4-25(f)所示。r-B-PPG 悬浮液驱结束后，微观模型中基本观察不到残余油存在[图 4-25(g)]，表明 r-B-PPG 悬浮液具有较好的微观驱油效果。

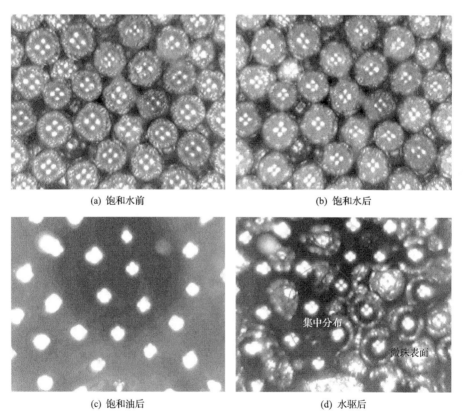

(a) 饱和水前　　　　　　　　　　　　　　(b) 饱和水后

集中分布

微珠表面

(c) 饱和油后　　　　　　　　　　　　　　(d) 水驱后

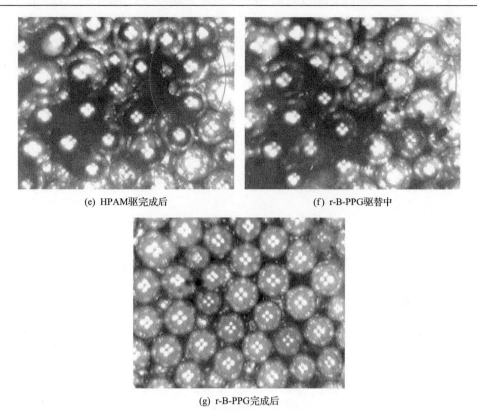

(e) HPAM驱完成后　　　　　　　　　　(f) r-B-PPG驱替中

(g) r-B-PPG完成后

图 9-25　r-B-PPG 悬浮液微观驱替实验结果（文后附彩图）

图 9-26 为采用自制微观可视驱替模型的 y-B-PPG 悬浮液微观驱替实验结果。从测试图可以看出，在该实验的模拟条件下，y-B-PPG 悬浮液也能够达到很好的微观驱油效果。

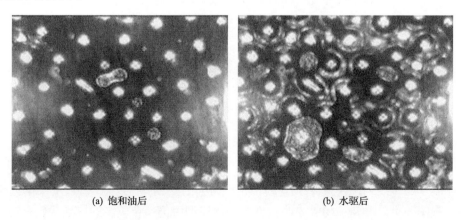

(a) 饱和油后　　　　　　　　　　　　(b) 水驱后

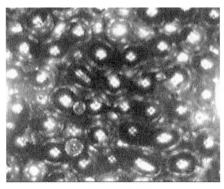

(c) HPAM驱完成后　　　　　　　　　　(d) y-B-PPG驱完成后

图 9-26　y-B-PPG 悬浮液微观驱替实验结果(文后附彩图)

　　为了研究 B-PPG 悬浮液的调剖效果,y-B-PPG 悬浮液驱替完成后,采用流动阻力极小的表面活性剂——泡沫对微观模型进行驱替,如图 9-27 所示,发现在不断注入泡沫的情况下,图中 A 区始终没有气泡流道出现,红线下方 B 区域则出现一连续气泡通道,这说明在 B-PPG 悬浮液驱替过程中,B-PPG 溶胀颗粒将 A 区大孔道封堵,对注入剖面进行了一定调整,使后续泡沫驱气泡不能通过 A 区部分,这也说明 y-B-PPG 有强的孔道封堵能力,在驱替过程中,可以实现交替调驱的效果。

图 9-27　y-B-PPG 悬浮液微观驱替效果

　　图 9-28 为采用微观驱替物理模拟系统研究 HPAM 驱后和 B-PPG 驱后的残余油分布图。可以看到,HPAM 驱后玻璃刻蚀模型中仍存在较多的聚集状残余油,表明 HPAM 溶液无法波及刻蚀模型中的部分区域,比较图中圈中部分可以发现,

模型中的聚集状残余油在 B-PPG 驱后基本被驱替干净, 只有极少的零星油滴存在于模型中。这一结果说明与 HPAM 溶液相比, B-PPG 具有更强的提高波及体积的能力, 提高了采收率。

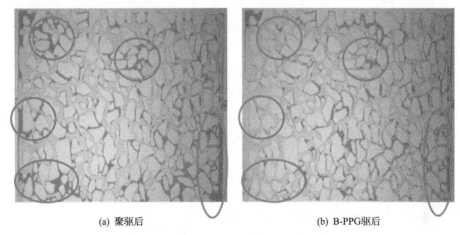

(a) 聚驱后   (b) B-PPG驱后

图 9-28 HPAM 与 B-PPG 驱后剩余油分布

从录制的动态录像可以证实 B-PPG 具有全新的非连续非均相的驱油机理: B-PPG 悬浮液能够实时、动态地调整非均质孔隙, 改善波及状况, 对大孔喉通道具有明显的封堵作用, 导致后续驱替液转向小孔喉, 对小孔喉通道的驱替效果明显, 残余油重新分布, 使得之前波及不到的区域得到充分驱替, 达到整体提高波及体积, 提高采收率的目的。

9.4.2 非均相复合驱体系驱油机理

原油采收率是采出地下原油原始储量的百分数。一般来说, 原油采收率取决于驱油剂在油藏中的波及系数和洗油效率, 公式如下:

$$采收率 = 波及系数 \times 洗油效率$$

波及系数是指驱油剂波及的油层容积与整个含油容积的比值。是否驱油剂波及的地方, 油就被冲洗下来? 这要看油层的润湿性。例如当驱油剂是水时, 水可以较好地将油从亲水油层冲洗下来, 但在亲油油层就不能, 因为在亲油油层中, 油层被水冲洗过后, 总有一层油膜留在油层的岩石表面, 由于油层岩石的孔隙面积很大, 留在油层的油很多。即使对亲水油层, 冲洗下来的油还常由于毛细管的液阻效应而滞留在油层中采不出来。可见, 即使驱油剂波及的油层, 由于油层表面的润湿性和毛细管的液阻效应的存在, 油也不一定能采出来, 因而还有一个洗油效率问题。洗油效率是指驱油剂波及的地方所采出的油量与这个地方储量的比值。因此，提高采收率的途径主要为：一是增大波及系数；二是提高洗油效率。
非均相复合驱体系能较大幅度提高采收率，与这两个方面密不可分。

1. 有效封堵

由于黏弹性颗粒驱油剂具有较好的黏弹性，其在多孔介质中能建立良好的流
动阻力，具有良好的流度控制能力，其中，粒径越大，黏弹性越大，流度控制能
力越强。同时，黏弹性颗粒驱油剂内部具有一定的网络结构，使其能在多孔介质
中发生吸附、滞留，使得多孔介质的孔隙半径减小，导致多孔介质渗流能力永久
性损失，从而产生一定的残余阻力系数，具有有效的封堵性能。

2. 液流转向

图 9-29 体现了非均相复合驱体系扩大波及体积的另一个原因，即液流转向作
用。非均相复合驱体系注入曲线的波动反映了孔隙级别的"驱替—堵塞—驱替"
交替过程，流体转向能力优于聚合物，可以实现高低渗分流量的反转。

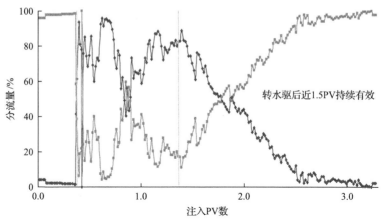

图 9-29　非均相复合驱体系分流量曲线

同时利用 2cm×2cm 玻璃蚀刻模型，观察了非均相复合驱体系的微观驱油过
程，见图 9-30。在微观驱油过程中，初始阶段非均相复合驱体系进入易流动区中
间低渗区，随后模型上部高渗区被驱动，随着黏弹性颗粒驱油剂的运移封堵，模
型下半部低渗区被驱动，最终将原油驱出。

由此可知，非均相复合驱体系在多孔介质中流动产生明显的"液流转向"现
象，起到了高效的剖面调整能力，使低渗透率区域得到最大程度的开发，大大提
高波及体积，并且这种调剖作用不论在注入非均相复合驱体系期间还是在后续水
驱阶段长时间持续有效。

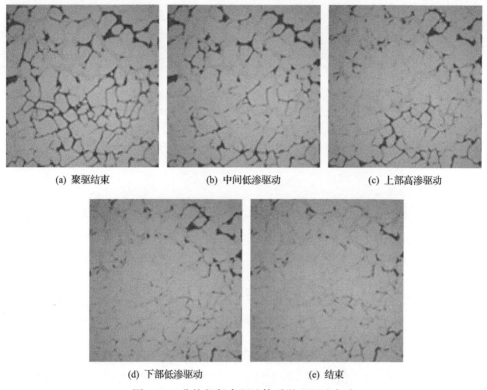

(a) 聚驱结束   (b) 中间低渗驱动   (c) 上部高渗驱动

(d) 下部低渗驱动   (e) 结束

图 9-30 非均相复合驱油体系微观驱油实验

3. 均衡驱替

采用可视填砂模型进一步研究黏弹性颗粒驱油剂的渗流规律及运移特征。如图 9-31 所示，注入过程中，黏弹性颗粒驱油剂在非均质条带中能够较均匀地推进。这是因为：当模型中刚开始注入 B-PPG 时，黏弹性颗粒驱油剂会优先进入高渗透层，随着其注入量的增加，颗粒会堵塞在高渗透层的孔隙和喉道处，造成该处压力升高，渗透率降低，流动阻力增大，从而使后续的液流转向至低渗透层流动；由于黏弹性颗粒驱油剂具有一定的黏弹性，当压力升高到足以使某一条带中堵塞的颗粒变形通过喉道时，该条带又开始流入黏弹性颗粒驱油剂。在整个注入过程中黏弹性颗粒驱油剂不断通过堵塞—压力升高—变形通过的方式在各个渗透率条带中进行交替封堵，使液流不断转向，从而使黏弹性颗粒驱油剂更好地在不同渗透率条带中较为均匀地推进，明显改善模型的非均质性。研究表明，黏弹性颗粒驱油剂具有交替封堵、均匀驱替的特点，能够显著改善油藏的非均质性，提高驱替效率。

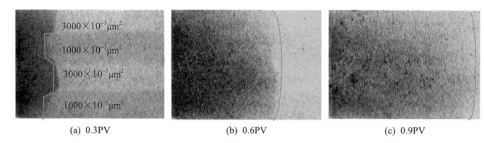

| (a) 0.3PV | (b) 0.6PV | (c) 0.9PV |

图 9-31　B-PPG 注入过程中在非均质模型中的分布图

4. 调洗协同

　　室内通过可视化物理模拟驱替平面模型试验考查了非均相复合驱油体系各组分调剖与洗油效率之间的协同作用，结果见表 9-7、图 9-32。结果表明，非均相复合驱各组分间具有良好的协同作用。

表 9-7　不同驱替方式提高采收率对比结果

注入方式	聚驱后活性剂驱	聚驱后聚合物驱	聚驱后非均相驱	协同作用
与井网调整相比提高采收率/%	0.65	3.98	15.09	4.21

| (a) 聚驱后活性驱 | (b) 聚驱后聚合物驱 | (c) 聚驱后非均相驱 |

图 9-32　可视化物理模拟驱替平面模型试验(文后附彩图)

　　此外，室内在模拟油藏条件下建立了三维非均质物理模型(形成渗透率为500mD、1500mD、3000mD 的平面非均质性)，通过三维非均质物理模型进一步考查了非均相复合驱油体系调洗协同作用。三维油藏物理模拟系统体积为 80cm×80cm×10cm，孔隙体积为 15000mL，孔隙度为 30%～40%，图 9-33 为三维油藏物理模拟系统示意图。实验结果如图 9-34 所示。

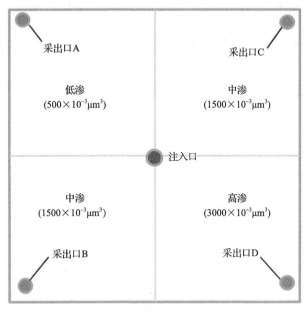

图 9-33　三维油藏物理模拟系统示意图

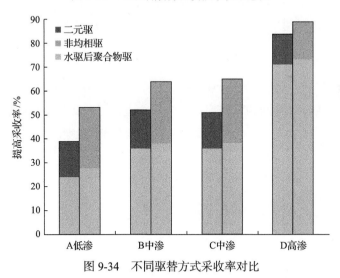

图 9-34　不同驱替方式采收率对比

第10章 非均相复合驱矿场应用实例

聚合物驱后油藏非均质性更强，剩余油分布更加零散，使得常规井网调整、单一聚合物驱、单一二元复合驱等方法均见效甚微，难以满足进一步大幅度提高采收率的需求。为此，针对聚合物驱后油藏，首次提出了井网调整与非均相复合驱相结合的提高采收率方法。研制了由驱油剂 B-PPG、表面活性剂和聚合物固液共存的非均相复合驱油体系，利用黏弹性颗粒 B-PPG 突出的剖面调整能力及其与聚合物在增加体系黏弹性方面的加合作用，进一步扩大波及体积，发挥表面活性剂具有的大幅度降低油-水界面张力的作用，提高洗油效率，同时结合井网调整改变流线，可大幅度提高聚合物驱后油藏采收率，并在孤岛油田中一区 Ng_3 聚合物驱后油藏开展了矿场先导试验，并获得了显著的应用效果。

10.1 试验区筛选

10.1.1 试验区的选区

1. 筛选原则

试验目的是研究聚合物驱后复合驱条件下油层开采动态变化特点、油水运动规律及影响因素，对井网调整非均相复合驱的适用性及效果进行综合评价，试验结果具有普遍推广意义，为矿场大规模应用提供依据。根据试验目的，确定选区原则如下：

(1)试验区有代表性，聚合物驱基本结束，降水增油效果显著，生产特征符合胜利油区聚合物驱的一般开采规律。

(2)油层地质情况清楚，油层发育良好，油砂体分布稳定，连通性好，储层非均质程度适中。

(3)储层流体性质(地层原油黏度、地层水矿化度等)、油层温度能代表胜利油田聚合物驱后油藏特点。

(4)采用常规开发井网，井网和注采系统相对完善，注采对应率和多向受效率高，井况良好，中心受效井多。

2. 区块和试验区筛选

1) 区块的筛选

胜利油区于 1992 年在孤岛油田中一区 Ng_3 开展了聚合物先导试验，1994 年在孤岛中一区 Ng_3、孤东七区西 Ng_5^{2+3} 北进行扩大试验，1997 年进行了大规模工业化推广应用。到 2008 年底，胜利油区实施聚合物驱项目 29 个，覆盖地质储量 3.56×10^8t。

孤岛中一区 Ng_3 聚合物驱的降水增油效果显著，其动态变化规律符合胜利油田聚合物驱开发的一般规律，且井网完善，井况良好，没有明显的大孔道窜流，层间干扰不严重，符合试验条件，因此，选择在孤岛中一区 Ng_3 单元开展非均相复合驱先导试验。

2) 试验区的筛选

孤岛油田位于山东省东营市河口区境内，在区域构造上位于济阳拗陷沾化凹陷东部的新近系大型披覆构造带上，是一个以新近系馆陶组疏松砂岩为储层的大型披覆背斜构造整装稠油油藏。中一区 Ng_3 开发单元位于孤岛油田主体部位的顶部，南北以断层为界，东部和西部分别与中二区和西区相邻，是一个人为划分的开发单元。

Ng_3 砂层组纵向上划分了 Ng_3^1、Ng_3^2、Ng_3^3、Ng_3^4、Ng_3^5 五个小层，属曲流河沉积。其中，Ng_3^3 和 Ng_3^5 层河道宽，沉积砂体厚度大，分布范围广，是单元的主力开发小层；Ng_3^1、Ng_3^2、Ng_3^4 层河道比较窄，沉积砂体厚度小，平面分布不稳定，以条带状和透镜状分布为主。

该单元于 1971 年 9 月投产，1974 年 9 月投入注水开发，Ng_3、Ng_4 合注合采。经过 1983 年和 1987 年两次井网调整，形成 270m×300m 的 Ng_3 和 Ng_4 分注分采的行列井网。1992 年 10 月和 1994 年 11 月分别开展了聚合物驱先导试验和扩大试验，2000 年 9 月，对 Ng_3 西北部剩余部分也进行了聚合物驱。与水驱相比，聚合物驱降水增油效果十分明显，先导区和扩大区分别已提高采收率 12.5%和 11.0%。

根据选区原则，结合地面聚合物配注站的分布及其他先导试验的要求，综合考虑聚合物驱试验区的油藏地质、井网井况、开发状况、取心井资料多等因素，选择在 Ng_3 聚合物扩大区南部开展先导试验(图 10-1)。

试验区位于中一区 Ng_3 单元的东南部，含油面积 1.5km^2，地质储量 396×10^{4}t，设计注入井 25 口，生产井 34 口。

试验区油井 34 口，开井 30 口，日产液 3373t，日产油 64.3t，平均单井日产液 112.4t，平均单井日产油 2.1t，综合含水 98.1%，采出程度 50.3%；注水井 10 口，开井 10 口，日注入 2120m^3，平均单井日注 212m^3，注入压力 8.9MPa。

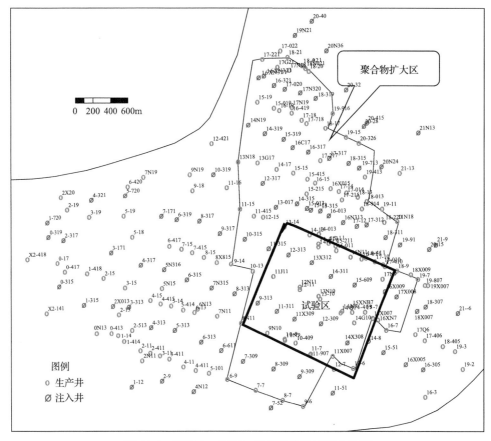

图 10-1　孤岛中一区 Ng_3 聚驱后先导试区井位图

10.1.2　试验区条件分析

复合驱油技术可以大幅度地提高原油采收率，但由于驱油体系中各种化学剂产品的性能及地质条件和经济方面的限制，不是所有的油藏都适合复合驱，特别是在聚合物驱后开展复合驱油试验，其油藏条件更为重要。

1. 地下原油黏度

原油黏度在很大程度上决定了复合驱是否可行。原油黏度越高，水驱流度比越大，复合驱对流度比的改善越大。但对于油层原油黏度太高的油藏，复合驱对流度比改善的能力是有限的，因此，地下原油黏度的有利范围为小于 $60mPa \cdot s$。

试验区地下原油黏度为 $46.3mPa \cdot s$，适合进行复合驱油试验。

2. 油层渗透率

低渗油层不宜进行复合驱。这主要是由于低渗地层会在井眼附近出现高剪切带，而使聚合物降解；而复合驱油体系在驱油过程中形成的任何一种乳化液的流动能力都较低，如果岩石的渗透率太低，形成的乳化液在地层中流动很困难，而且容易受到较大的剪切作用，使其稳定性变差；另外低渗引起复合驱油溶液注入速度太低，影响驱油效果，且方案实施时间延长，从而降低经济效益。

试验区油层渗透率为 $1.5 \sim 2.5 \mu m^2$，聚合物驱的注入速度为 $0.1PV/a$，适合驱油体系的正常注入。

3. 渗透率变异系数

渗透率变异系数是表征地层渗透率非均质程度的一个重要指标。渗透率变异系数越大，储层的非均质性越强。复合驱的一个很主要的驱油机理是调整剖面、提高驱替液的波及体积。但对于渗透率变异系数极高的地层，复合驱油体系将发生窜流现象，从而影响驱油效果。复合驱筛选标准中渗透率变异系数的有利范围为小于 0.6。

试验区渗透率变异系数为 0.538，处于有利范围以内。

4. 地层水矿化度

地层水矿化度，尤其是 Ca^{2+}、Mg^{2+} 浓度对复合驱油效果有明显的影响。首先地层水对聚合物黏度有较大影响，矿化度和 Ca^{2+}、Mg^{2+} 等二价离子含量越高，聚合物黏度越低；地层水对表面活性剂的影响比较复杂，当矿化度在一定值范围内时，随着矿化度的增加，体系界面张力下降；超过临界值后，随着矿化度的增加，界面张力上升；同时，Ca^{2+}、Mg^{2+} 等二价离子能与表面活性剂起离子交换作用，使其沉积在油层的岩石上，从而降低了表面活性剂的浓度，影响驱油效果。因此，地层水矿化度最好控制在 10000mg/L 以下，Ca^{2+}、Mg^{2+} 浓度在 100mg/L 以下。

试验区目前地层水矿化度为 5923mg/L，Ca^{2+}、Mg^{2+} 浓度为 90mg/L，条件适合。

5. 油层温度

油层温度太高，会增加表面活性剂与岩石的相互作用，使表面活性剂的吸附量加大；同时，随温度的增加，聚合物溶液的黏度下降，聚合物的化学及生物降解加重。为保证各种化学剂的应用性能，复合驱要求油层温度小于 70℃。

试验区目的层原始油层温度为 69.5℃，符合复合驱的条件。

6. 剩余油饱和度

试验区经历了水驱和聚合物驱开发后，剩余油饱和度明显降低，平均含油饱和度为 31.5%。

为了分析复合驱试验区油藏条件，将试验区(孤岛中一区 Ng_3)主要油藏参数与胜利油田已实施的三元复合驱项目(孤东小井距试验和孤岛西区常规井距试验)和二元复合驱项目(孤东七区西 Ng_5^4—Ng_6^1)的油藏参数、胜利油区筛选标准进行了对比，如表 10-1 所示。

表 10-1　复合驱试验区油藏条件与已实施区块对比表

油藏参数	孤东小井距	孤岛西区	孤东七区西 Ng_5^4—Ng_6^1	孤岛中一区 Ng_3	胜利油区筛选标准		
					最佳范围	一般范围	最大范围
含油面积/km^2	0.03	0.61	0.94	1.5			
地质储量/10^4t	7.8	197.2	277	396			
孔隙体积/10^4m^3	11.9	316	436	703			
地下原油黏度/(mPa·s)	41.3	70	45	46.3	<60	60~80	80~120
油层有效厚度/m	11.0	16.2	12.3	14.2	>5	>5	>5
空气渗透率/$10^{-3}μm^2$	3818	1520	1320	2589	>1000	1000~500	500~100
渗透率变异系数	0.33	0.54	0.58	0.538	<0.6	0.6~0.7	0.7~0.8
地层水矿化度/($10^4mg/L$)	0.445	0.686	0.8207	0.592	<1	1~2	2~3
Ca^{2+}、Mg^{2+}浓度/(mg/L)	92	143	231	90	<100	100~150	150~200
地层温度/℃	68	69	68	69.5	<70	70~75	75~80
剩余油饱和度/%	35.2	51.9	45.5	37.2			

从表 10-1 中可以看出，试验区油藏参数明显好于孤岛西区，与孤东小井距和七区西试验区相近，只是剩余油饱和度偏低。试验区主要油藏参数、流体条件和地层温度皆处于复合驱的最佳范围内，进行复合驱试验是可行的。

综合评价，试验区具有代表性，试验结果具有普遍推广意义。

10.2　先导试验方案研究

10.2.1　聚驱后剩余油分布特点

中心井区经过水驱和聚合物驱后，采出程度达到 52.3%，但仍然还有相当数量的剩余油留在地层中。中心井区已有 4 口密闭取心井，2008 年 9 月又在同一井组的不同位置钻了 3 口密闭取心井：中 14-斜检 11 井、中 13-斜检 9 井和中 14-检

10 井。3 口密闭取心井分别位于原反九点井网的 1/4 个井组内，分别位于水井排（中 14-斜检 11 井）、油井排（中 13-斜检 9 井）和油水井排间（中 14-检 10 井）。3 口密闭取心井总进尺 135.4m，共取岩心 121.4m，收获率 90%（表 10-2），共选取了 657 块样品，进行了 28 项、5372 块次的分析化验（表 10-3）。通过对密闭取心井深入研究，在剩余油研究上取得了进一步认识。

表 10-2　孤岛油田中一区新密闭取心井统计表

井名	取心层位	取心井段/m	进尺/m	岩心长度/m	收获率/%
中 14-检 10	Ng_3—Ng_6	1174.4～1308.1	70.5	58.9	83.5
中 14-斜检 11	Ng_3	1217.0～1248.5	31.5	29.5	93.7
中 13-斜检 9	Ng_3	1196.3～1229.7	33.4	33.0	98.9

表 10-3　孤岛油田中一区新密闭取心井分析化验统计表

分析化验项目	样品数/块	分析化验项目	样品数/块	分析化验项目	样品数/块	分析化验项目	样品数/块
饱和度	657	润湿性	70	黏土分析	51	聚合物浓度	212
孔隙度	657	相渗透率	64	覆压孔隙度	61	碳酸盐	89
平行渗透率	653	地层条件相渗	64	覆压渗透率	48	CT	51
垂直渗透率	124	铸体薄片	61	阳离子	78	饱和度校正	46
粒度	657	压汞	55	含油薄片	86	油气相渗	45
示踪剂	657	扫描电镜	53	薄片	92	核磁饱和度	55
不同聚合物浓度岩电分析	51	聚合物分子量测试	212	聚合物水解度测试	212	核磁聚合物分子结构	211

本次剩余油研究以油藏数值模拟结果、密闭取心井资料为主要依据，结合监测资料、生产动态资料对试验区剩余油分布规律进行深入研究。

1. 平面剩余油分布

根据数模计算结果分析，聚合物驱有效地扩大了波及系数，含油饱和度明显降低。从试验区聚合物驱后 Ng_3 含油饱和度和储量丰度分布看，平面上水井近井地带和主流线水淹严重，油井间、水井间、油水井排间分流线水淹较弱，剩余油富集，剩余油饱和度为 35%～50%。

不同井网位置含的油饱和度和剩余地质储量（表 10-4）对比分析表明：平面上剩余油普遍存在，油井排的剩余油潜力最大，油水井排间次之。油井排含油饱和度为 27%～44%，平均为 34.8%，剩余地质储量占原始地质储量的 35.6%；油水井排间含油饱和度为 20%～44%，平均为 32.4%，剩余地质储量占原始地质储量的

34.1%；水井排含油饱和度为20%～49%，平均为30.1%，剩余地质储量占原始地质储量的 30.3%。由于水淹程度、范围差异，井网不同平面位置剩余地质储量略有差异，油井排的剩余油潜力较大，水井排、排间次之，但普遍存在可动油。

表 10-4　不同位置剩余含油饱和度统计表

位置	含油饱和度范围/%	平均含油饱和度/%	剩余地质储量比例/%
油井排	27～44	34.8	35.6
排间	20～44	32.4	34.1
水井排	20～49	30.1	30.3

新钻的 3 口密闭取心井证实：聚驱后剩余油在平面上仍然普遍分布。中一区 Ng_3 的含油饱和度为 35.9%～39.3%，水淹特征以见水、水洗为主，弱水淹厚度占 33.5%，仅部分物性较好层段呈现强水洗（表 10-5）。以 Ng_3^5 为例，中 14-斜检 11（位于水井排）的平均含油饱和度为 34.8%，中 13-斜检 9（位于油井排）的平均含油饱和度为 35.8%，中 14-检 10 井（位于油水井排间、靠近油井排）的平均含油饱和度为 40.8%。因此，聚驱后剩余油在平面上普遍分布，油井排、水井排和油水井排之间都有剩余油存在，其中油井排剩余油相对富集。

表 10-5　中一区 Ng_3 密闭取心井水淹级别统计表

井名	见水		水洗		强水洗	
	厚度/m	百分比/%	厚度/m	百分比/%	厚度/m	百分比/%
中 14-斜检 11	7.34	32.9	7.46	33.5	7.48	33.6
中 13-斜检 9	7.08	35.8	8.32	42	4.4	22.2
中 14-检 10	3.7	30.9	6.1	51	2.16	18.1
总计	18.12	33.5	21.88	40.5	14.04	26

注：最后一行百分比数据为各储层厚度占所有层的比例。

中 14-斜检 11 井 2009 年 5 月 1 日采用 127 枪 127 弹射孔 Ng_3^3 层顶部局部富集井段为 1215～1220m，射开厚度为 5.0m，18 孔/m，共射 92 孔。岩心分析该段含油饱和度 36.6%～50.9%，平均为 44.0%；水淹级别属于见水；孔隙度为 27.3%～44.6%，平均为 40.9%；渗透率为 $171 \times 10^{-3} \sim 9990 \times 10^{-3} \mu m^2$，平均为 $5008 \times 10^{-3} \mu m^2$。5 月 6 日开井，日产液为 30t，日产油为 9.7t，含水率为 67.6%，截至 2009 年 7 月 25 日，日产液为 24.6t，日产油为 3.3t，含水率为 86.7%，累计产油 346t，累计产水 1777m³，说明聚合物驱后油藏水淹属于见水级别，储层剩余油分布仍有富集区，且开发潜力较大。

中 14-检 10 井分别试采了 Ng_3^5 层底部 1200～1206m 和 Ng_3^3 顶部 1182～1187m，均高含水，说明含油饱和度小于 40%，水淹级别为水洗的井段，水驱条件下没有可采价值。

对比聚合物驱前后密闭取心资料分析，通过聚合物驱，在主流线上可以大幅度提高油层动用状况，而分流线上油层的动用程度略有提高。中 11-检 11 井是注聚前 1991 年 7 月取心井，位于油井间分流线，剩余油较富集区域，Ng_3 平均含油饱和度为 47.4%，驱油效率为 35.7%。取心后作为聚合物先导试验中心井生产 Ng_3，在聚合物驱后累计产油 $11.13 \times 10^4 t$ 时，距中 11-检 11 井 27m 处钻中 10-检 413 井，Ng_3 平均含油饱和度为 28.1%，驱油效率为 62.2%，通过聚合物驱可以大幅度提高主流线油层动用状况。而中 12-检 411 和中 13-检 10 密闭取心对比井分别于聚合物前后取心，由于井处于靠近油井排的分流线上，经过聚合物驱后，两口井饱和度变化不大，Ng_3 平均含油饱和度分别为 39.2% 和 41.1%，驱油效率分别为 45.8% 和 47.3%，表明水驱波及较差部位，聚合物驱波及也较差，剩余油富集段饱和度 40% 以上。

注聚后密闭取心井资料表明：不同流线位置剩余油均较富集，分流线饱和度略高于主流线。孤岛油田中一区聚驱后共钻了 5 口密闭取心井，其中中 10-检 413 井和中 14-检 10 井位于主流线上，中 13-检 10 井、中 14-斜检 11 井和中 13-斜检 9 井位于分流线上。主流线平均含油饱和度为 33.7%，驱油效率高达 56.0%；分流线平均含油饱和度为 37.7%，驱油效率为 50.4%。分流线区域剩余油相对富集，分流线的含油饱和度比主流线含油饱和度的高 4.0%，驱油效率低 5.6%。

生产动态资料证实：注聚后油水井井间剩余油富集。通过对注采井网不同位置剩余油分布特征研究，发现井网不同位置水淹特征差异明显。主要表现在：油、水井排间剩余油比其他位置富集，油井分流线次之，油井对子井（井距 50m 以内）含油饱和度居第三，水井对子井（井距 50m 以内）附近含油饱和度最低（表 10-6）。

表 10-6　注聚后不同位置水淹及剩余油情况统计表

新井位置	砂层厚度/m	水淹厚度/m	水淹厚度百分比/%	含油饱和度/%
井排间井	149.5	101	67.56	47.0
油井排分流线	78	57	73.08	44.6
油井对子井（井距 50m 以内）	81	64.5	79.63	42.2
水井排分流线	120	103	85.83	38.5
水井对子井（井距 50m 以内）	40	40	100	31.0

中一区 Ng_3 东部中 15-015、15-215、15-013 三口井均是 1995 年完钻的井，15-015 位于油井排，15-013 位于水井排，15-215 位于油水井之间。3 口井的连线正好反映同一时期一个从油井到水井的水淹剖面。在油井排上，油层水淹比较严重；水井排上油层水淹厚度最大；油水井排间水淹较弱。

中一区 Ng_3 为正韵律沉积油藏，厚油层的渗透率从上到下逐渐增大，渗透率级差为 10～20。在注聚开发时，油水井之间各点压力梯度有明显差异，油水井附近由于压力梯度高，近井地带油层水淹严重；而在油水井中间压力梯度较低，驱油效果较差，加上油层正韵律的特性，往往仅在油层底部的高渗透带形成一指进水淹带，这就形成一个在注水井与生产井之间的箕状剩余油富集区。同时油井分流线位置压力梯度也相对较低，水淹相对较弱。

从统计的 2000 年以后的补孔井效果看，在油井之间，距老油井大于 50m 的补孔井效果最好，这些井投产初期含水低于油井排对比井，目前含水仍低于或接近于对比井，累计产油高于对比井(表 10-7)。其次是井排间的井，效果相对较差的是距老油井在 50m 之内的井。注聚后井间剩余油得到一定程度的动用，井间剩余油饱和度较注聚前降低 10%，但井间油层上部仍是剩余油较富集区。

表 10-7　2005 年以后井排间新井(补孔)与油井排井生产情况对比表

补孔井位置	井数口	初期				2005 年				累计产油/10⁴t	累计产水/10⁴m³	备注
		动液面/m	含水/%	日液/m³	日油/t	动液面/m	含水/%	日液/m³	日油/t			
距老油井大于 50m	10	294	87.2	79.3	10.1	31.8	96.3	75.4	2.8	21345	510309	油井间
井排间井	7	393	92.9	91.6	6.5	250	96.9	60.3	1.9	10016	249292	排间
距老油井小于 50m	2	151	98.6	114.0	2.0	177	98.5	94.0	1.0	587	40754	油井间

数值模拟、取心井资料和油藏工程分析都表明：中一区 Ng_3 经过聚合物驱以后，剩余油在平面上普遍分布，油井排、水井排和油水井排之间都有剩余油存在，其中油井排剩余油相对富集，而且分流线区域比主流线区域剩余油更富集，含油饱和度高 4.0%，驱油效率低 5.6%。

2. 层间剩余油分布

数模研究表明：中一区 Ng_3 的三个主要含油小层储层物性相近，渗透率级差为 1.1，层间非均质性较弱，原油性质相近，所以各层采出状况差异不大，说明整个单元驱替较均匀并获得了较高的采收率。从剩余含油饱和度来看，聚合物驱后地下仍有较多的剩余油，由于三个小层储层物性和原始含油饱和度的差异，目前层间有差异，主力小层含油饱和度为 34.2%～42.4%，比非主力小层的 29.5%高 4.7～12.9 个百分点。从各层剩余储量来看，主力层 Ng_3^3 和 Ng_3^5 占了近 80%，依旧是开发的重点。

三口密闭取心井资料表明：各小层间非均质性弱，层间差异小，各层的动用程度相对均匀，都有剩余油存在，Ng_3^3 和 Ng_3^5 内的剩余油相对富集。中 14-斜检

11 井的 Ng_3^3 和 Ng_3^5 的厚度分别为 8.4m、9.1m，平均孔隙度分别为 40.7%、38.2%，平均渗透率分别为 $3767 \times 10^{-3} \mu m^2$、$2807 \times 10^{-3} \mu m^2$，它们都属于高孔高渗储层，构成了 Ng_3 的主体。由于 Ng_3^3 和 Ng_3^5 的物性相似、厚度相当，它们的剩余油分布、油层的动用程度也比较接近。其中 Ng_3^3 的剩余油饱和度为 42.0%，驱油效率为 39.2%；Ng_3^5 的剩余油饱和度为 34.8%，驱油效率为 49.2%。中一区的 Ng_3 作为一套开发层系，位于上部的 Ng_3^3 的剩余油相对富集。Ng_3^3 和 Ng_3^5 相比，剩余油饱和度高 7.2%，驱油效率低 10.4%。中 13-斜检 9 和中 14-检 10 井都有与中 14-斜检 11 井相似的层间剩余油分布情况。所以，试验区剩余油主要集中在主力小层 Ng_3^3 和 Ng_3^5 内，其中 Ng_3^3 的剩余油相对富集。

主力油层因孔隙度和渗透性均较好，油层厚，渗流能力强，井网完善程度高，驱油效果好，剩余油饱和度相对较低，水淹程度高，但主力层剩余可采储量高于非主力层，剩余油储量丰度较高，可采储量绝对数量大，仍是剩余油分布的主体。中一区 Ng_3 层系中的 Ng_3^3、Ng_3^5 为两个主力油层，Ng_3^5 大片连通，三向以上注采对应率达到 90%，Ng_3^3 层发育相对较差，一些区域呈条带状分布，连通状况不如 Ng_3^5，三向以上注采对应率为 70%。对 1999 年后中一区新钻井测井解释感应电导率进行分析对比，结果表明主力层 Ng_3^3 强水淹厚度占 35%，而油层连通性好的 Ng_3^5 层，目前水淹最严重，强水淹厚度占 65%（表 10-8）。

表 10-8 注聚后不同小层水淹情况统计表

小层	钻遇井层/个	平均厚度/m	水淹厚度百分数/%		
			弱水淹 (感应电导率≤80mS/m)	中水淹 (80mS/m<感应电导率≤130mS/m)	强水淹 (感应电导率>130mS/m)
Ng_3^3	48	7.4	15	50	35
Ng_3^5	51	9.1	6	29	65

数值模拟、取心井资料和油藏工程分析都表明：中一区 Ng_3 聚驱后各小层都有剩余油存在，主要集中在主力小层 Ng_3^3 和 Ng_3^5 内，而位于顶部的 Ng_3^3 剩余油相对更富集。

3. 层内剩余油分布

数值模拟结果证实：正韵律厚油层顶部剩余油富集。聚合物驱对正韵律沉积油层驱替效果好，层内剩余油的动用比水驱更充分，油层上、下部位的驱油效率都有明显提高，但层内的差异依然存在。正韵律油层中上部驱油效率较低，剩余油饱和度较高，底部驱替效果好。

三口密闭取心井资料同样表明：正韵律底部水洗较强，剩余油富集区主要位于正韵律的顶部，顶部厚度 20%~40% 的地层水洗较弱。曲流河正韵律上部，多发育含泥质条带储层，一般厚度在 1～3m，驱油效率低，剩余油富集，潜力较大。

取心井资料反映复合正韵律分段水洗明显，各韵律段中下部水洗较强。相对弱水洗厚度占 30%以上。孤岛中 13-XJ9 井 Ng_3^3 为复合正韵律，分为两个韵律段，均表现为上部水淹较弱，剩余油富集，见水厚度比例占 34.3%（表 10-9）。而且夹层能够控制层内剩余油富集，控制作用随面积减小而减弱。孤岛中一区 14-XJ11 井 Ng_3^3 下部发育厚度为 43cm，延伸距离 220m×120m 的泥质夹层，夹层上部 2.3m 渗透率为 $2935×10^{-3}m^2$，为水洗级别，含油饱和度 33.5%，夹层下部 1.05m 渗透率为 $5934×10^{-3}m^2$，为见水级别，含油饱和度 47.2%，上下的驱油效率相差达 20%，夹层起明显的控油作用。

表 10-9　中 13-XJ9 井 Ng_3^3 复合正韵律水淹状况表

层位		厚度/m	渗透率/$10^{-3}\mu m^2$	油饱和度/%	驱油效率/%	水淹级别	厚度比例/%
韵律段 1	上段	0.7	318	42.2	38.8	见水	10.4
	下段	1.4	961	35.6	48.4	水洗	20.9
韵律段 2	上段	1.6	590	42.8	37.9	见水	23.9
	中段	1.5	1700	37.7	45.4	水洗	22.4
	下段	1.5	3163	32.7	52.6	强水洗	22.4

夹层延伸距离小于一个井距，控制作用不明显。孤岛中一区中 14-XJ11 井 Ng_3^3 上部发育厚度为 9cm，延伸不超过一个井距的泥质夹层。夹层上部 1.1m 渗透率为 $6630×10^{-3}m^2$，含油饱和度为 43.7%，驱油效率为 36.6%；下部 1.4m 渗透率为 $2877×10^{-3}m^2$，含油饱和度为 47.8%，驱油效率为 34.9%。夹层上下部位水淹状况接近，均为见水级别，夹层没起到明显的控制作用。

在试验区 Ng_3 内，物性夹层对层内剩余油的分布影响较小。中 13-XJ9 井 Ng_3^3 发育厚度 15cm 的物性夹层，夹层之上渗透率为 $2512×10^{-3}m^2$，驱油效率为 46.8%，而下部渗透率为 $3621×10^{-3}m^2$，驱油效率为 50.9%，夹层上下段水淹情况较为接近，基本不控制剩余油的形成与分布。

在试验区 Ng_3 内，灰质夹层的延伸范围比较小，对剩余油控制作用较弱。中 14-J10 井 Ng_3^5 发育厚度 45cm，延伸距离 70m×150m 的灰质夹层，延伸小于一个井距，控油作用不明显。夹层上部渗透率为 $2561×10^{-3}m^2$，剩余油饱和度 40.5%，驱油效率为 41.3%，夹层下部渗透率为 $1050×10^{-3}m^2$，剩余油饱和度 38.9%，驱油效率为 43.6%。

从注聚前 35 口和注聚后 42 口新井测井资料结果分析也可以看出（表 10-10），注聚前油层下段水淹最严重，中上部水淹较轻；注聚后，层内上中下各段水淹程度加大，但仍呈现出与水驱相似的特点，油层下段水底最严重，中上部水淹较轻，正韵律厚油层顶部剩余油富集。

表 10-10　注聚前后厚油层水淹情况统计表

时间	油层上段		油层中段		油层下段		统计井数 /口
	厚度/m	感应电导率 /(mS/m)	厚度/m	感应电导率 /(mS/m)	厚度/m	感应电导率 /(mS/m)	
注聚前	3.2	40	4.4	80	3.4	150	35
注聚后	3.3	70	4	146	3.5	200	42

数值模拟结果、取心井资料和矿场实践都证实：中一区 Ng_3 聚驱后仍有大量的剩余油赋存于地下，剩余油是"普遍分布、局部富集"。目前的剩余油饱和度普遍在 30%以上，分布于油井间、水井间及油水井排间的分流线区域，主要集中在 Ng_3^3 和 Ng_3^5 的内部。但是，目前井网难以开采这部分剩余油，需要依靠改变液流方向和复合驱进一步扩大波及来动用这部分剩余油。

10.2.2　非均相复合驱方案优化研究

1. 注入参数优化研究

采用数值模拟技术对试验区的注入参数进行了优化设计，参数优化包括注入剂的注入浓度、注入段塞、注入速度等，在优化过程中，主要应用经济指标（财务净现值）、技术指标（提高采收率幅度、吨聚增油）及综合指标（提高采收率×吨聚增油，其中提高采收率单位为%，吨聚增油单位为 t/t，习惯用法上综合指标不加单位）对数模结果进行筛选。

1）主段塞注入大小优化

设计主段塞大小为 0.2PV～0.6PV，研究主段塞大小对驱油效果的影响。从计算结果可以看出（图 10-2），随着注入段塞大小增加，提高采收率值逐渐增加，但段塞用量增加，化学剂用量相应增加，投资增大，当量吨聚增油降低，注入主段塞 0.3PV 时财务净现值和综合指标值最大，继续增加段塞大小，财务净现值和综合指标下降，因此最佳的主段塞尺寸为 0.3PV。

2）表面活性剂浓度优化

固定段塞大小，设计表面活性剂浓度为 0.2%～0.6%，数模计算结果表明（图 10-3），随着表面活性剂浓度增加，提高采收率值增加，但表面活性剂浓度大于 0.4%后，提高采收率值变化很小，继续增加表面活性剂浓度，化学剂用量相应增加，当量吨聚增油下降，表面活性剂浓度为 0.4%时财务净现值和综合指标值最大，推荐表面活性剂浓度为 0.4%。

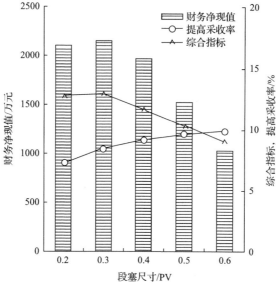

图 10-2　主段塞注入大小优化

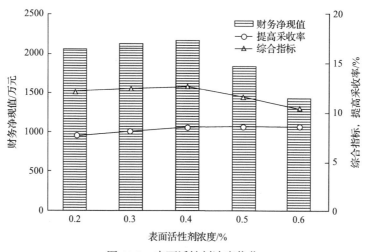

图 10-3　表面活性剂浓度优化

3) 聚合物+B-PPG 浓度优化

固定主段塞大小为 0.3PV，固定表面活性剂浓度为 0.4%，计算聚合物+B-PPG 注入浓度为 1400～2200mg/L。从计算结果可以看出 (图 10-4)，随着聚合物+B-PPG 注入浓度增加，提高采收率值增加，财务净现值和综合指标增加，当聚合物+B-PPG 浓度超过 1800mg/L 后，提高采收率值增加幅度明显减小，财务净现值明显下降，优化的最佳聚合物+B-PPG 注入浓度为 1800mg/L。

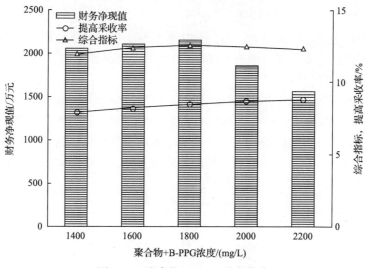

图 10-4　聚合物+B-PPG 浓度优化

4)注入速度优化

(1)复合体系注入与采出能力分析。

根据中一区 Ng_3 北部二元驱前置段塞注入与采出状况分析,注入复合体系后,注入井的视吸水指数下降 25%,采液指数下降 20%。

目前,试验区水井平均视吸水指数 24.5m³/(d·MPa),预测复合驱后视吸水指数下降 25%,为 18.4m³/(d·MPa)。

目前,试验区油井采液指数 27m³/(d·MPa·m),预测复合驱后采液指数下降 20%,约为 22m³/(d·MPa),计算油井复合驱时不同地层压力下不同泵挂深度液量变化曲线如图 10-5 所示。

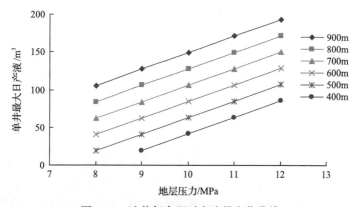

图 10-5　油井复合驱时产液量变化曲线

计算表明,复合驱时地层压力仍然保持在 11.0MPa,平均泵挂 600m 时,单井最大日产液 107m³，综合取值 100m³/d。

中心井区注采井数比 1：1，为保持注采平衡，单井日注水量 100m³ 能够达到要求，根据注入能力计算，油压 6.0MPa 时单井即可满足要求。

（2）注入速度优化值。

根据注入段塞、化学剂注入浓度的筛选结果，分别对 0.08PV/a、0.09PV/a、0.10PV/a、0.11PV/a、0.12PV/a、0.13PV/a 六个注入速度进行优选。结果表明，注入速度对提高采收率幅度影响不大，随着注入速度升高，提高采收率幅度略有升高，基本不变（图 10-6），考虑到现场的实际注入能力并借鉴聚合物驱和其他区块复合驱的经验，推荐注入速度为 0.12PV/a。

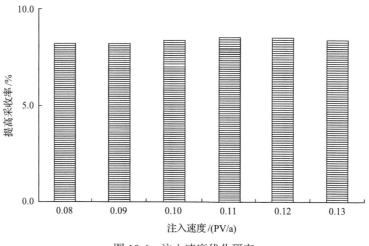

图 10-6　注入速度优化研究

2. 推荐方案

根据以上优化结果，推荐矿场注入方案采用两段塞注入方式：

前置调剖段塞：0.05PV×（1500mg/L B-PPG＋1500mg/L 聚合物）。

非均相复合驱主体段塞：0.3PV×（0.3%石油磺酸盐+0.1%表面活性剂 P1709+900mg/L 聚合物+900mg/L B-PPG）。

注入速度：0.12PV/a。

根据数值模拟预测，含水最低可降到 89.8%，中心试验区增产原油 18.78×10⁴t，变流线井网调整后转非均相复合驱预测采收率达到 63.6%，提高采收率 8.5%。基础井网转复合驱预测提高采收率 3.6%，井网调整后采用水驱预测提高采收率 3.7%，两项技术联合较单一调整方式采收率之和 7.3%大 1.2 个百分点，达到了"1+1 大于 2"的效果。当量 1t 聚合物增油 30.8t/t。试验区增产原油 28.82×10⁴t，提高采收率 7.28%，当量 1t 聚合物增油 26.6t/t。

10.3 矿场见效特征研究

为减少先导试验风险,将试验区一分为二,逐步实施。矿场先实施西部井区(图 10-7),含油面积为 0.275km²,石油地质储量为 123×10⁴t,注入井 15 口,生产井 10 口,其中:新水井 9 口,新油井 8 口。试验区实施化学驱前综合含水 98.3%,采出程度 52.3%,预测采收率 55.1%。

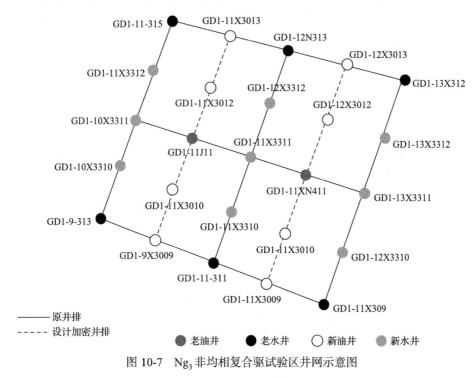

图 10-7 Ng₃ 非均相复合驱试验区井网示意图

10.3.1 注入井动态变化

1. 注入压力上升

非均相复合驱矿场实施过程中,最早显现的一个特征就是注入压力发生明显变化。先导试验矿场投注以来,注入压力呈现上升趋势。注入的非均相驱油体系中聚合物的黏度比注入水的黏度高得多,而体系中颗粒驱油剂 B-PPG 则具有较强封堵作用,从而导致地层渗流阻力增加,注入压力上升,吸水能力下降。试验区投注前正常注入井平均注入压力 7.2MPa,目前油压上升到 11.5MPa(图 10-8),与投注前对比上升了 4.3MPa,反映出注入聚合物和 B-PPG 段塞后,注入井井底原渗流通道导流能力下降，体系对高渗地层进行了有效封堵，有利于后续非均相复合驱体系进入中低渗透层，从而促进液流转向，扩大波及体积，提高洗油效率。

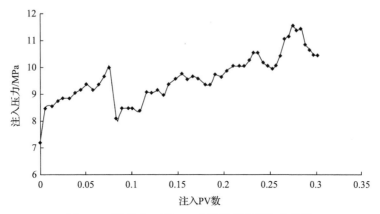

图 10-8 孤岛中一区 Ng₃ 非均相复合驱注入曲线

与孤岛油田其他注聚和注二元复合驱的区块相比，非均相复合驱的注入压力变化特征明显不同，相同注入量条件下，注入压力在短期内即快速上升，上升幅度高于其他区块（图 10-9），体现出非均相复合驱油体系比聚合物驱和二元复合驱具有更强的封堵作用。

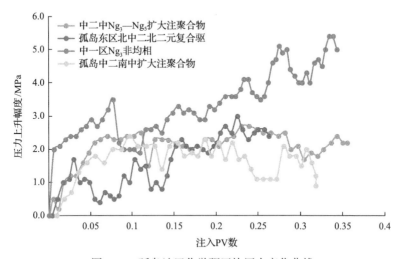

图 10-9 孤岛油田化学驱区块压力变化曲线

另外，注入井测试资料分析结果表明，启动压力明显上升，注入井 GD1-11-315 试验前的启动压力为 5.07MPa，试验后启动压力逐步上升了 3.19MPa（达 8.26MPa）。由试验区 5 口注入井试验前后的指示曲线变化情况可见：试验前启动压力为 2.6～6.0MPa，平均为 4.6MPa，试验后启动压力为 6.2～8.26MPa，平均为 7.3MPa，平均上升了 2.7MPa。

2. 吸水能力下降

分析试验区吸水指数变化，水驱时吸水指数为 27.8m³/(d·MPa)，1994 年聚合物驱后吸水指数下降到 21.6m³/(d·MPa)，2006 年转后续水驱后吸水指数为 23.1m³/(d·MPa)，非均相复合驱矿场实施后吸水指数下降到 6.4m³/(d·MPa)，与注入前相比，吸水指数下降了 72%(图 10-10)。

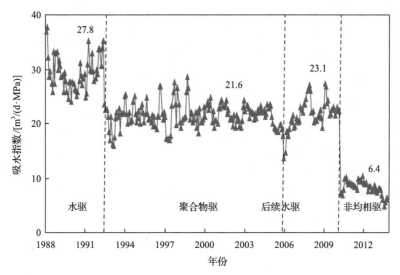

图 10-10　孤岛中一区 Ng₃ 非均相复合驱吸水指数曲线

3. 霍尔曲线直线段斜率变大

霍尔曲线直线段斜率反映了地层导流能力的变化，利用霍尔曲线可计算非均相复合驱的阻力系数。注入井注入不同流体，对地层渗流状况的改变程度不同，在霍尔曲线图上反映出不同直线段，用曲线分段回归求出各直线段的斜率，该斜率项体现了各注入时期的渗流阻力变化，直线段斜率变大，说明导流能力降低，斜率变小则说明导流能力变大。从注入井 GD1-11-115 的霍尔曲线来看(图 10-11)，曲线发生了明显的转折，斜率变大，计算的阻力系数平均为 2.2。与同类油藏聚合物驱和二元复合驱单元对比发现，孤岛中一区 Ng₃ 聚合物驱时的阻力系数[10]为 1.43，孤东七区西 Ng₅⁴—Ng₆¹ 二元复合驱先导试验时的阻力系数为 1.79，非均相复合驱的阻力系数明显高于聚合物驱和二元复合驱，说明非均相复合驱增加地层渗流阻力的能力更强。

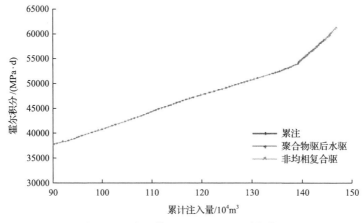

图 10-11　注入井 GD1-11-115 的霍尔曲线

4. 驱替相更趋均衡

试验区实施非均相复合驱期间，对 11X3310 井先后于 2011 年 8 月、2012 年 5 月、2013 年 8 月进行了 3 次示踪剂测试，分析对比了该井 Ng_3^{3+4} 层的 3 次测试结果(表 10-11)。2011 年 8 月，矿场注聚合物和 B-PPG 的前置段塞，示踪剂监测结果显示，对应流线方向主要集中在东、南方向，推进速度在 10.9~20.02m/d；到 2012 年 5 月，流线发生了变化，西边增加了两个受效方向，南边减少了两个流向，推进速度也有降低，为 4.41~21m/d；2013 年 8 月监测资料显示，受效方向新增了北部两个方向，各方向推进速度及其差异均有所减小，为 8.53~18.9m/d。

表 10-11　11X3310 井示踪剂检测结果

对应油井	推进速度/(m/d)		
	2011 年 8 月	2012 年 5 月	2013 年 8 月
11XN411	10.9	14.62	14.62
9X3009	11.79	11.79	11.8
11X3010	11.71	10.25	—
12-411	—	21	18.9
10X3010	—	4.41	8.53
11J11	—	8.96	12.64
11X3009	11.39	12.81	12.06
9-710	20.02	17	—
12X3012	15.4	—	13.48
11X3012	—	—	12.5
9N9	18.43	—	—
8N11	14.49	—	—

由 3 次示踪剂监测结果对比，随着非均相驱油体系的不断注入，11X3310 井组向各个方向推进更趋均衡，流线分布更加均匀，推进速度差异减小，说明非均相驱油体系注入地层后，在调整平面非均质性方面发挥了较大作用，进一步扩大了波及体积，实现了均衡驱替。

10.3.2　生产井动态变化

1. 日产油量上升，综合含水下降

2010 年 7 月，试验区 8 口新油井投产，综合含水率相对较低，在 90% 左右，日产油增加，这是由于加密井网调整后，因流线发生转变，原井网动用差、驱油效率较低的区域得到高效动用。随着开发，含水率不断回升。同年 11 月，矿场开始投注聚合物和 B-PPG 溶液，至 2011 年 8 月，试验区开始见效，含水下降，日产油明显上升。综合含水率由 97.5% 下降至最低 76.9%，下降了 20.6 个百分点，日产油由 3.3t 上升至最高 79t，日增加产油量 75.7t，降水效果非常显著（图 10-12）。

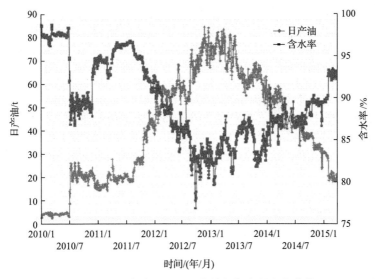

图 10-12　孤岛中一区 Ng_3 非均相复合驱生产曲线

GD1-12X3012 井实施非均相复合驱后见效最为明显，平均含水由 92.1% 下降到最低 31.4%，下降了 60.7 个百分点，日产油由 4.9t 最高升至 35.7t，增加了 30.8t（图 10-13）。

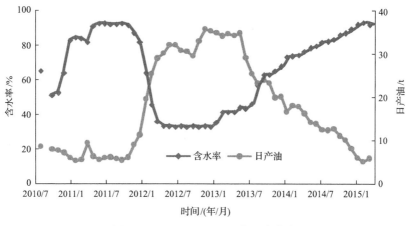

图 10-13   GD1-12X3012 井生产曲线

2. 含水变化特征

实施非均相复合驱见效后，油井表现出明显的见效特征：开始见效时，含水率呈台阶式下降，下降速度快，幅度较大，但在注入非均相段塞后期，含水率开始呈小阶梯式回升；日产油大幅度上升。

试验区在实施非均相复合驱前，进行了变流线加密井网调整，实施化学驱后，不同部位的油井表现出的见效特征也出现较明显的差异。原油水井间部位新打的油井见效比较早，多在 0.08PV 前见效，含水率下降幅度一般在 50% 以上，含水率漏斗出现较为明显的平缓谷底期，且持续时间较长；老油井见效较早，在 0.1PV 之前见效，含水率下降幅度一般高于 25%，含水率漏斗有谷底，但持续时间较短；原水井间新井见效较晚，多在 0.15PV 后见效，含水下降幅度也相对较小，下降值多小于 20%，含水率漏斗无明显谷底，见底即回升（表 10-12）。

表 10-12   不同部位油井见效特征

类别	见效时间	含水率下降幅度/%	谷底特征	曲线形状
原油水井间新井	早（≤0.08PV）	>50	谷底明显、平、长	宽 U 形
原水井间新井	晚（≥0.15PV）	<20	无明显平缓谷底，含水率回升早	V 形
老油井	较早（≤0.1PV）	>25	平缓谷底期较短	窄 U 形
共同特征		含水率台阶式降、台阶式升；窜聚后含水陡升		

分析认为，造成油井见效存在差异及见效特征不同的主要原因是剩余油潜力不同（表 10-13）。处于原井网的油水井间分流线部位，原油动用程度相对较低，驱油效率相对小，剩余油饱和度相对较高（35%～45%），且相对比较富集，井网调

整后高效动用该部位的原油，同时结合非均相复合驱，进一步扩大了波及体积，提高了洗油效率，从而产生显著的降水增油效果，平均单井增油超过 1t。其次是老油井，剩余油饱和度 35%~39%，井网调整后，流线转变了 60°，受效方向由 4 向增加为 6 向，结合强堵强调强洗的非均相复合驱，使得老油井获得较好的增油效果，平均单井增油已达 6446t。原井网水井间新油井见效相对较差，该部位因两边水井经过几十年的注水，原油动用程度相对较高，剩余油饱和度相对较低 (31%~35%)，实施井网调整非均相复合驱后，也见到了明显效果，平均单井增油达 4090t。

表 10-13　不同部位油井增油效果统计

不同部位	产出水平均矿化度/(mg/L)	剩余油饱和度/%	平均单井增油/t	见效分析
原井网油水井间	6148	35~45	11655	波及占主导
原井网油井	7097	35~39	6446	波及和洗油贡献相当
原井网水井间	7932	31~35	4090	洗油占主导

剩余油是影响见效差异的主控因素。统计了试验区中心及外围见效井的剩余油饱和度与见效情况的关系 (图 10-14 和图 10-15)，剩余油饱和度越小，初见效时间越晚，见效程度越差，含水率最大下降幅度越小，随着剩余油饱和度的增加，油井初见效的时间明显缩短，而含水率最大下降幅度明显增大。

3. 流体性质变化特征

1) 原油性质

先导试验实施后，原油族组分发生了变化。统计不同油井不同时间的原油族组分分析结果，并进行对比分析 (图 10-16~图 10-18)。不论是老油井、原油水井

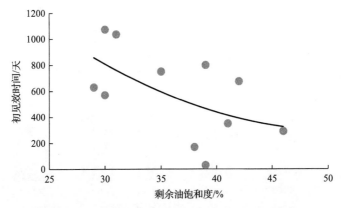

图 10-14　剩余油饱和度与初见效时间的关系曲线

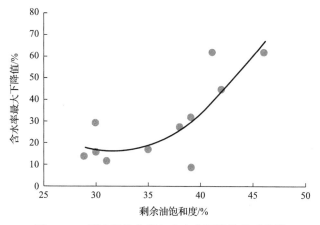

图 10-15　剩余油饱和度与含水率下降的关系曲线

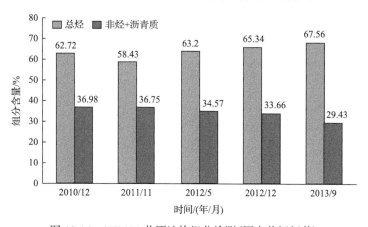

图 10-16　9X3009 井原油族组分检测（原水井间新井）

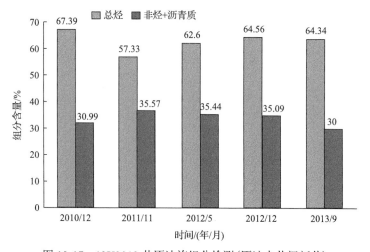

图 10-17　12X3012 井原油族组分检测（原油水井间新井）

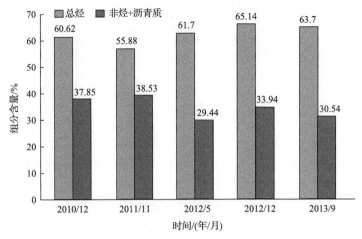

图 10-18　11J11 井原油族组分检测(老油井)

间新井还是原油水井间新井的原油族组分在实施非均相复合驱初期,原油中轻质组分相对较高,重质组分相对较低,体现了 2010 年 7 月井网调整到位后,随着开发逐渐形成新的流线,波及体积得到扩大,强化了原来低驱油效率部位的动用,驱出了相对较轻质原油,体现的是变流线井网调整的作用。随着进一步开采,2011年 11 月的检测结果发现,轻质组分减少,重质组分增加,反映井网调整开发一段时间后,轻质油减少,而 B-PPG-聚合物段塞正处于逐步形成阶段,扩大波及作用有限,还未明显显现出来。从 2012 年 7 月及以后的几次原油族组分检测结果看,轻质组分增加,重质组分减少,反映了注入非均相驱油体系段塞后,体系对高渗区进行了有效封堵,促使后续注入流体发生转向,从而进一步扩大了波及体积,增加了原油动用程度。

2) 产出水性质

定期检测所有油井的产出水性质,并对历次检测数据进行分析。试验区原始的地层水矿化度是 5920mg/L,而注入水矿化度是 8120mg/L,因此随着注水开发,地层水矿化度会逐渐升高。与井网调整后实施化学驱之前的油井产出水矿化度相对比(表 10-14),原油水井间的四口新井中,产出水矿化度低于原始地层水矿化度(5290mg/L)的井有两口,另外两口则略高,平均产出水矿化度为 6148mg/L,说明油水井间部位波及程度相对较低,原油动用较差,驱油效率较低,剩余油相对富集;四口老油井的产出水矿化度均高于 5290mg/L,平均为 7097mg/L;原水井间新井的产出水矿化度最高,平均为 7932mg/L,说明水井间部位注入流体的波及程度高,驱油效率高,剩余油相对较少。

表 10-14　实施非均相前产出水矿化度及平均值统计

不同部位	产出水矿化度/(mg/L)	产出水矿化度平均值/(mg/L)
油水井间新井	5000~7000	6148
老油井	6000~8000	7097
水井间新井	6000~9000	7932

随着不断开发，油井产出水矿化度呈现规律性变化：矿化度先上升后下降，与原油性质变化规律相符(图 10-19)。2010 年 7~11 月，井网调整后，注采流线转变，扩大了波及体积，因此产出水矿化度较低；注 B-PPG+聚合物阶段，因注入时间尚短，未形成有效封堵；随着非均相驱油体系不断注入，逐渐产生了强调强堵作用，进一步扩大波及体积，相对较低的地层水被产出。

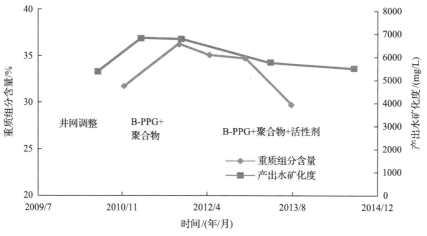

图 10-19　12X3012 井流体性质变化曲线

4. 增油效果明显

试验区明显见效井 9 口，见效率 90%，单井增油超过 1×10^4t 的有三口，增油在 5000t 以上的有两口，在 3000t 以上的有三口。中心井区已累计增油 8.07×10^4t，已提高采收率 6.56%，数值模拟预测可提高采收率 8.5%，最终采收率达到 63.6%。

参 考 文 献

[1] 肖鹏军. 石油经济的风险与危机及其防范[J]. 石油大学学报(社会科学版), 1999, 15(4): 6-9.

[2] 刘广, 王海坡. 世界石油资源城市兴衰成败的经验教训及重要启示[J]. 江汉石油职工大学学报, 2005, 18(1): 33-35.

[3] 周延丽, 王兵银. 俄罗斯—我国未来海外石油供给稳定增长的重要来源[J]. 东欧中亚市场研究, 2002, (8): 14-17.

[4] 刘波. 石油禁运——国际社会的重要制裁手段[J]. 辽宁大学学报, 2004, 32(6): 87-90.

[5] 赵厚学. 提高投资效益——石油石化企业的重要课题[J]. 中国石化, 2002(8): 8-11.

[6] 余稼铺. 化学复合驱基础及进展[M]. 北京: 中国石化出版社, 2002.

[7] 付太华. 近中期世界石油储量的变化特点及发展趋势[J]. 国际石油经济, 1997, (2): 2-5.

[8] Jeirani Z, Jan B M. Formulation, optimization and application of triglyceride microemulsion in enhanced oil recovery[J]. Industrial Crops and Products, 2013, 43(1): 6-14.

[9] Bikkina P K, Uppaluri R, Purkait M K. Evaluation of surfactants for the cost effective enhanced oil recovery of assam crude oil fields[J]. Liquid Fuels Technology, 2013, 31(7): 755-762.

[10] 赵福麟, 张贵才. 二次采油与三次采油的结合技术及其进展[J]. 石油学报, 2001, 22(5): 38-42.

[11] 孙晓康. 三次采油技术现状与其发展方向研究[J]. 中国石油和化工标准与质量, 2012, 33(012): 82.

[12] 毛源, 阚淑华. 二次采油与三次采油结合技术在埕东油田东区西北部 Ng_3^2 层的应用[J]. 断块油气田, 2003, 10(6): 57-60.

[13] 王海艳. 以聚合物为载体的三次采油技术研究[J]. 科技创新与应用, 2013, (5): 9.

[14] 张毅. 三次采油技术的研究现状与未来发展[J]. 化学工程与装备, 2011, (4): 119-120.

[15] 张颖聪. 三次采油新技术实践研究[J]. 科技与企业, 2012, 3(上): 143.

[16] 杨明庆. 新型三次采油表面活性剂[J]. 油气田地面工程, 2009, 28(6): 90.

[17] 曲景奎, 周桂英. 三次采油用烷基苯磺酸盐弱碱体系的研究[J]. 精细化工, 2006, 23(1): 82-85.

[18] Zhao X F, Liu L X. Influences of partially hydrolyzed polyacrylamide(HPAM)residue on the flocculation behavior of oily wastewater produced from polymer flooding[J]. Separation & Purification Technology, 2008, 62(1): 199-204.

[19] Vargas-V, Silvia M. Monitoring the cross-linking of a HPAM/Cr(III) acetate polymer gel using ^{1}H-NMR, UV spectrophotometry, bottle testing, and rheology[J]. International Journal of Polymer Analysis and Characterization, 2007, 12(2): 115-129.

[20] Gong H J, Xu G Y. Interaction between the hydrophobically modified polyacrylamide and HPAM-flooding produced liquid[J]. Journal of Dispersion Science and Technology, 2010, 31(7): 894-901.

[21] Vargas-V S M, Romero-Z L B. H-1 NMR, rheology, and bottle testing of HPAM/Cr(III)acetate micro gels[J]. Petroleum Science and Technology, 2009, 27(13): 1439-1453.

[22] 张维, 李明远. 碱对部分水解聚丙烯酰胺溶液与煤油界面性质的影响[J]. 油气地质与采收率, 2008, 15(3): 88-90.

[23] 孙爱军, 林梅钦. 低浓度部分水解聚丙烯酰胺与柠檬酸铝交联体系流变性研究[J]. 石油大学学报, 2003, 27(5): 96-98.

[24] 赵修太, 王增宝. 部分水解聚丙烯酰胺水溶液初始粘度的影响因素[J]. 石油与天然气化工, 2009, 38(3): 231-234.

[25] 陈庆海, 杨付林. 低剪切速率下部分水解聚丙烯酰胺溶液的流变特性研究[J]. 大庆石油地质与开发, 2006, 25(1): 91-92.

[26] 廖广志, 孙刚. 驱油用部分水解聚丙烯酰胺微观性能评价方法研究[J]. 北京大学学报, 2003, 39(6): 815-820.

[27] 周倩, 郑晓宇. 高特性粘数部分水解聚丙烯酰胺聚合工艺研究[J]. 石油大学学报, 2003, 27(6): 83-86.

[28] 王冬梅, 韩大匡. 部分水解聚丙烯酰胺对 α-烯烃磺酸钠泡沫性能的影响[J]. 石油勘探与开发, 2008, 35(3): 335-338.

[29] 张艳琴, 邹远北. 有机铬交联剂部分水解聚丙烯酰胺凝胶深部调剖试验[J]. 江汉石油学院学报, 2003, 25(下): 127-128.

[30] 陈绍炳, 李学军. 部分水解聚丙烯酰胺的水溶液性质[J]. 油田地面工程, 1991, 10(5): 36-41.

[31] 靳金荣, 赵冬云. 聚合物驱油技术在大港油田的应用[J]. 石油钻探技术, 2002, 30(5): 62-63.

[32] 孙灵辉, 代素绢. 低碱三元复合体系用于聚驱后进一步提高采收率[J]. 油田化学, 2006, 23(1): 88-91.

[33] 李菲菲. 聚合物驱后油藏二元复合驱提高采收率先导试验研究[J]. 内江科技, 2012(8): 128-129.

[34] 韩培慧, 苏伟明. 聚驱后不同化学驱提高采收率对比评价[J]. 西安石油大学学报, 2011, 26(5): 44-48.

[35] 黄斌, 宋考平. 变黏度聚合物驱提高采收率方法[J]. 中外能源, 2012, 17(7): 35-38.

[36] 冈秦麟. 对我国东部老油田提高采收率的几点看法[J]. 油气采收率技术, 1994, 1(20): 1-7.

[37] 王茂盛, 张喜文. AS 体系与泡沫交替注入提高采收率技术研究[J]. 特种油气藏, 2006, 13(1): 90-91.

[38] 韩大匡. 深度开发高含水油田提高采收率问题的探讨[J]. 石油勘探与开发, 1995, 22(5): 47-55.

[39] 万仁溥, 罗英俊. 采油技术手册(第十分册): 堵水技术[M]. 北京: 石油工业出版社, 1991.

[40] Smit h J E. Performance of 18 polymers in aluminium citrate colloidal dispersion gels: SPE 28989[A]. 1995.

[41] 韩学强. 国外高含水油田堵水、调剖、封堵大孔道配套技术及应用[M]. 北京: 石油工业出版社, 1994.

[42] 洪璋传. AMPS 的特性及应用[J]. 合成纤维工业, 2001, 24(2): 38-40.

[43] 杨小华, 王中华. 国内 AMPS 类聚合物研究与应用进展[J]. 精细石油化工进展, 2007, 8(1): 14-22.

[44] 周妮, 罗跃. 耐温抗盐聚合物驱油剂的合成及性能评价[J]. 精细石油化工进展, 2006, 9(7): 4-7.

[45] Aggour Y A. Synthesis and characterization of copolymers of 2-(dimethylamino)ethyl acrylate with 2-acrylamido-2-methylpropanesulphonic acid[J]. Polymer Degradation and Stability, 1994, 45(3): 273-276.

[46] 梁伟, 赵修太, 韩有祥, 等. 驱油用耐温抗盐聚合物研究进展[J]. 特种油气藏, 2010, 17(2): 11-14.

[47] Moradi-Aroghi A, Doe P H. Hydrolysis and precipitation of polyacrylamides in hard brines at elevated temperatures[J]. SPE Reservoir Evaluation & Engineering, 1987, 5: 189.

[48] 钟景兴, 陈煜. AM/NVP 二元共聚物的溶液性能[J]. 高分子材料科学与工程, 2005, 21(4): 220-223.

[49] 付美龙, 刘传宗, 张伟, 等. 一种新型疏水缔合聚合物的合成及性能评价[J]. 西安石油大学学报(自然科学版), 2013, 28(5): 92-95.

[50] 叶林, 黄荣华. P(AM-NVP-DMDA)疏水缔合水溶性共聚物的研究[J]. 功能高分子学报, 1999, (1): 70-74.

[51] Boundreaux C J. Controlled activity polymers. VIII. Copolymers of acrylic acid and isomeric N-akylacrylamide with pendent β-naphthol esters moieties: Synthesis and characterization[J]. Journal of Controlled Release, 1996, 40(3): 223-233.

[52] Avoce D. N-Alkylacrylamide copolymers with(meth)acrylamide derivatives of cholic acid: Synthesis and thermosensitivity[J]. polymer, 2003(2): 1081-1087.

[53] 周景彩. 新型疏水缔合聚合物的合成和性能评价[D]. 荆州: 长江大学, 2012.

[54] 李弘. 活性开环歧化聚合合成梳形聚合物[J]. 化学通报, 2002, 1: 24-28.

[55] 饶明雨, 钟传蓉. 梳型丙烯酰胺共聚物的合成及溶液性能[J]. 高分子材料科学与工程, 2009, 5(25): 1-4.

[56] 李振泉. 胜利油田污水配制梳形抗盐聚合物 KYPAM 驱油试验初步结果[J]. 油田化学, 2004, 21(2): 165-167.

[57] 罗健辉, 卜若颖. 驱油用抗盐聚合物 KYPAM 的应用情况[J]. 油田化学, 2002, 19(1): 64-67.

[58] 孙宝珍. 两性离子聚合物调剖剂的合成与应用[J]. 山西科技, 2003(6): 73.

[59] 罗文利. 两种驱油用 AP 型两性聚合物[J]. 油田化学, 2000, 17(1): 55-57.

[60] Yao C J, Lei G L, Yao C J, et al. Preparation and characterization of polyacrylamide nanomicrospheres and its profile control and flooding performance[J]. Journal of Applied Polymer Science, 2013, 127(5): 3910-3915.

[61] Li B Y, Liu G M. Application of tracer data in profile control and oil displacement design for Jin 16 block[J]. Special Oil & Gas Reservoirs, 2012, 19(2): 59-61.

[62] Liu W, Li Z M, Li J, et al. Research on in-depth profile control of multiphase foam system[J]. Petroleum Science and Technology, 2012, 30(21): 2246-2253.

[63] Sun Y X, Xiao C. Application of zonal perforating profile control technology in low permeability oilfield[J]. Special Oil & Gas Reservoirs, 2011, 18(5): 27-30.

[64] 冷光耀, 侯吉瑞. 利用 CT 技术研究裂缝性油藏改性淀粉凝胶调堵液流转向[J]. 油田化学, 2016, 033(4): 629-632.

[65] 葛红江, 苟景锋, 雷齐玲, 等. 水平井化学堵水配套药剂研究[J]. 油田化学, 2009, 26(4): 387-390.

[66] 武海燕, 罗宪波, 张廷山, 等. 深部调剖剂研究新进展[J]. 特种油气藏, 2005, 12(3): 1-3.

[67] 肖传敏, 王正良. 油田化学堵水调剖综述[J]. 精细石油化工进展, 2003, (3): 43-46.

[68] 白宝君, 李宇乡, 刘翔鹗. 国内外化学堵水调剖技术综述[J]. 断块油气田, 1998, 5(1): 1.

[69] 熊春明, 唐孝芬. 国内外堵水调剖技术最新进展及发展趋势[J]. 石油勘探与开发, 2007, (01): 88-93.

[70] 曹正权, 马辉, 姜娜, 等. 氮气泡沫调剖技术在孤岛油田热采井中的应用[J]. 油气地质与采收率, 2006, 13(5): 75-77.

[71] 刘翔鹗, 李宇乡. 中国油田堵水技术综述[J]. 油田化学, 1992, (2): 180-187.

[72] 由庆, 赵福麟, 王业飞, 等. 油井深部堵水技术的研究与应用[J]. 钻采工艺, 2007, 30(2): 85-87.

[73] 殷艳玲, 张贵才. 化学堵水调剖剂综述[J]. 油气地质与采收率, (6): 64-66.

[74] Herring G D, Milloway J T. Selective gas shut-off using sodium silicate in the prudhoe bay field, AK[J]. Society of Petroleum Engineers, SPE 12473, 1984.

[75] Knapp R H, Welbourn M E. An acrylic/epoxy emulsion gel system for formation plugging: Laboratory developm[J]. Society of Petroleum Engineers, SPE7083, 1978.

[76] 赵福麟, 戴彩丽, 王业飞, 等. 油井堵水概念的内涵及其技术关键[J]. 石油学报, 2006, (05): 71-74.

[77] 曲军, 田荣树. 控水稳油技术在低渗砂岩油藏的应用[J]. 内江科技, 2009, (2): 130.

[78] 刘沛玲. 措施优选实现井组控水稳油[J]. 断块油气田, 2009, 16(3): 82-84.

[79] 辛国梅, 刘玉梅, 叶连波. 低渗砂岩油藏控水稳油技术及效果评价[J]. 胜利油田职工大学学报, 2007, 21(2): 50-54.

[80] 薛军. 元 48 区长 4+5 油藏控水稳油技术研究[J]. 石油化工应用, 2008, 27(3): 46-49.

[81] 陈月明, 姜汉桥. 提高控水稳油的科学性[J]. 油气采收率技术, 1994, 1(2): 39-45.

[82] 李宇乡, 唐孝芬, 刘双成. 我国油田化学堵水调剖剂开发和应用现状油田化学[J]. 油气化学, 1995, 12(1): 88-94.

[83] 于涛, 于伟, 罗洪君. 油田化学剂[M]. 北京: 石油工业出版社, 2009.

[84] 宋碧涛, 姚晓. 油基水泥浆水化程度及强度变化规律[J]. 南京工业大学学报, 2004, 26(4): 1-4.

[85] 宋碧涛, 姚晓. 油基水泥早期水化机理研究[J]. 油田化学, 2005, 22(1): 16-19.

[86] 蔡永源. 国外胶粘剂纵横谈[J]. 天津化工, 1987(3): 34-38.

[87] 郭合群, 王立新. 用微粒水泥修复套管渗漏[J]. 断块油气田, 1995, 2(1): 40-42.

[88] 杨贵胜. 新型微粒水泥[J]. 钻采工艺, 1993, 12(3): 12.

[89] 黎钢, 王立军. 水溶性酚醛树脂的合成及其性能研究[J]. 河北工业大学学报, 2002, 31(4): 37-41.

[90] 李仙根, 解通成. 油溶性酚醛树脂堵水剂的选堵性能的实验研究[J]. 石油大学学报(自然科学版), 1992, 16(4): 86-90.

[91] 郭越, 王珊珊. 脲醛树脂的合成及其在堵水中的应用[J]. 重庆科技学院学报(自然科学版), 2009, 11(1): 76-84.

[92] 吴均, 李良川. 脲醛树脂改性堵水剂的研制[J]. 油田化学, 2012, 29(3): 299-301.

[93] 陈大钧, 郭东旭. 液态双酚 F 型环氧树脂在堵水中的作用探讨[J]. 精细石油化工进展, 2011, 12(1): 5-8.

[94] 高大维, 赵天琦. 聚氨酯-环氧树脂堵水剂的研究与应用[J]. 吉林大学自然科学学报, 2001, (4): 72-76.

[95] Acock A M. Oil recovery improvement through profile modification by thermal precipitation[J]. Society of Petroleum Engineers, SPE 27831, 1994.

[96] Tao Z. Improved sweep efficiency by alcohol-induced salt precipitation[J]. Society of Petroleum Engineers, SPE 27777, 1994.

[97] 赵福麟, 张国礼. 沉淀型双液法堵剂的室内研究[J]. 油田化学, 1987, 4(2): 81-90.

[98] 周汝忠, 李怀录. 碱渣堵水的试验研究[J]. 华东石油学院学报, 1987, 11(1): 96-105.

[99] 陈曦, 谭国锋. 油田堵水复合铝凝胶制备及性能评价[J]. 精细石油化工进展, 2012, 13(2): 8-11.

[100] Busolo M A. Permeability modifications by in-situ cations hydrolysis[J]. Society of Petroleum Engineers, SPE 64990, 2001.

[101] 侯永利, 赵仁保. 无机硅酸凝胶 SC-1 的封堵特性室内实验评价[J]. 海洋石油, 2010, 30(2): 48-52.

[102] 杜辉, 冯志强. 一种延迟凝胶硅酸类堵水剂的研究[J]. 油田化学, 2012, 29(1): 29-32.

[103] 陈辉. 单液法硅酸凝胶堵水剂 FH-01 研究及其应用[J]. 油田化学, 2008, 25(3): 218-220.

[104] 路群祥, 刘志勤. 延迟硅酸凝胶堵剂研究[J]. 油田化学, 2004, 21(1): 33-35.

[105] Gruenenfelder M A. Implementing new permeability selective water shutoff polymer technology in offshore, gravel-packed wells[J]. Society of Petroleum Engineers, SPE 27770, 1994.

[106] 张伯英, 孙景民, 林东. 黄原胶调剖处理效果浅析[J]. 钻采工艺, 1998, 21(6): 57-60.

[107] 李补鱼, 郎学军, 熊玉斌. SPA 淀粉接枝共聚物堵水调剖剂性能研究[J]. 油田化学, 1998, 15(3): 241-243.

[108] Seright R S. Gel treatments for reducing channeling in naturally fractured reservoirs[J]. Society of Petroleum Engineers, SPE 35351, 1996.

[109] 刘玉章, 吕西辉. 胜利油田用化学法提高原油采收率的探索与实践油气采收率技术[J]. 油气采收率技术, 1994, 1(1): 25-28.

[110] 韩大匡, 韩冬, 杨普华, 等. 胶态分散凝胶驱油技术的研究与进展[J]. 油田化学, 1996, (3): 273-276.

[111] Fielding J R. Depth drive fluid diversion using an evolution of colloidal dispersion gels and new bulk gels: An operation[J]. Society of Petroleum Engineers, SPE 27773, 1994.

[112] 纪淑玲, 彭勃, 林梅钦, 等. 粘度法研究胶态分散凝胶交联过程[J]. 高分子学报, 2000, (01): 65-68.

[113] 彭勃, 李明远. 聚丙烯酰胺胶态分散凝胶微观形态研究[J]. 油田化学, 1998, 15(4): 358-361.

[114] 刘金河, 叶天序, 郝青, 等. 低浓度 HPAM/AlCit 体系的评价及其成胶性能影响因素研究[J]. 石油与天然气化工, 2003, 326(3): 375-378.

[115] 李明远, 郑晓宇. 交联聚合物溶液及其在采油中的应用[M]. 北京: 化学工业出版社, 2006.

[116] Needham R B, Threlkeld C B, Gall J W. Control of water mobility using polymers and multivalent cations[C]//SPE Improved Oil Recovery Symposium. Society of Petroleum Engineers, 1974.

[117] Klaveness T M, Ruoff P. Kinetics of the Crosslinking of Polyacrylamide with Cr(III): Analysis of possible mechanisms[J]. Journal of Physical Chemistry, 1994, 98(40): 10119-10123.

[118] Sydansk R D. A new conformance-improvement-treatment chromium（Ⅲ）gel technology[J]. Society of Petroleum Engineers, SPE 17329, 1988.

[119] 宋万超. 水溶性阳离子高分子在油田中的应用[M]. 北京: 石油工业出版社, 2002.

[120] Ahmad M A, Moradi-Araghi A A. Review of thermally stable gels for fluid diversion in petroleum production[J]. Journal of Petroleum Science and Engineering, 2000, 26(1): 1-10.

[121] 黎钢, 徐进. 水溶性酚醛树脂作为水基聚合物凝胶交联剂的研究[J]. 油田化学, 2000, 17(4): 310-313.

[122] 黎钢, 郝立根, 杨芳. 聚丙烯酰胺/酚醛树脂的胶凝反应动力学探讨[J]. 应用化学, 2003, 20(4): 391-394.

[123] 黎钢, 王立军, 陈怀满. 聚丙烯酰胺/酚醛树脂凝胶在沈阳油田深部调剖的应用[J]. 石油与天然气化工, 2003, 32(5): 305-307.

[124] 黎钢, 王立军, 代本亮. 水溶性酚醛树脂的合成及其性能研究[J]. 河北工业大学学报, 2002, 31(4): 37-41.

[125] 许家友, 郭少云, 罗朝万. 一种耐温抗盐堵剂的组成及性能研究[J]. 油田化学, 2003, 20(4): 313-315.

[126] 李宇乡, 唐孝芬. 我国油田化学堵水调剖剂开发和应用现状[J]. 油田化学, 1995, 12(1): 88-94.

[127] 白宝君, 李宇乡. 国内外化学堵水调剖技术综述断块油气田[J]. 断块油气藏, 1998, 5(1): 1-4.

[128] 殷艳玲, 张贵才. 化学堵水调剖剂综述[J]. 油气地质与采收率, 2003, 10(6): 64-66.

[129] 张绍东. 热采堵水调剖剂研究及应用[J]. 特种油气藏, 2001, 8(3): 74-77.

[130] 张义顺, 何小芳. 水泥-粉煤灰注浆材料的研发与应用[J]. 河南理工大学学报(自然科学版), 2010, 29(5): 674-679.

[131] 王富华, 张祎徽. 粉煤灰的特性及其在油田开发中的研究与应用现状[J]. 中外能源, 2007, 12(1): 92-96.

[132] 李靖鹏, 莫建青. 粉煤灰堵剂的配制及性能评价[J]. 中国石油化工标准与质量, 2012, (7): 12.

[133] 陈涓, 彭朴. 化学交联聚乙烯醇的降滤失机理[J]. 油田化学, 2002, 19(2): 101-104.

[134] 张代燕, 汪庐山. 聚乙烯醇/脂肪醛水基凝胶堵剂初步研究[J]. 油田化学, 1998, 15(3): 272-274.

[135] 周正刚, 李芮丽. 膨润土-SAR复合材料的研究[J]. 高分子材料科学与工程, 2002, 18(4): 151-153.

[136] 李辉, 李宇剑. 黄原胶/AMPS/膨润土制备油田堵水剂的研究[J]. 石油化工高等学校学报, 2011, 24(6): 42-45.

[137] 赵福麟, 张贵才. 粘土双液法调剖剂封堵地层大孔道的研究[J]. 石油学报, 1994, 15(1): 56-65.

[138] 宁延伟. 胜利油田开发和应用的粘土类堵水/调剖剂[J]. 油田化学, 1994, 11(4): 357-361.

[139] 梁开方, 张勇. 粘土颗粒堵剂封堵大孔道配套技术[J]. 石油钻采工艺, 1994, 16(6): 62-72.

[140] 刘翔鹗. 我国油田堵水调剖技术的发展与思考[J]. 石油科技论坛, 2004, 2: 41-47.

[141] 栾守杰. 吸水膨胀型膨润土/交联聚丙烯酰胺颗粒堵剂[J]. 油田化学, 2003, 20(3): 230-231.

[142] 戴彩丽, 周洪涛. 影响酸性铬冻胶成冻因素的研究[J]. 油田化学, 2002, 19(1): 29-32.

[143] 刘建军. 低渗透地层用铬冻胶双液法工作液化学稳定性研究[J]. 精细石油化工进展, 2002, 3(2): 22-23.

[144] 李克华, 赵福麟. 用冷冻干燥技术研究油田堵剂的微观结构[J]. 断块油气田, 2000, 7(6): 30-32.

[145] Bai B J. Optimizing horizontal completion techniques in the Barnett shale using microseismic fracture mapp[J]. Society of Petroleum Engineers, SPE 89468, 2004.

[146] Bai B J, Li L X, Liu Y Z. Preformed particle gel for conformance control: Factors affecting its properties and applications[J]. Society of Petroleum Engineers, SPE 89389, 2004.

[147] Seright R S, Zhang G. A comparison of polymer flooding with in-depth profile modification[J]. Society of Petroleum Engineers, SPE 146087, 2011.

[148] Seright R S, Lindquist W B. Pore-level examination of gel destruction during oil flow[J]. SPE Journal, 2009, 14(3): 472-476.

[149] Seright R S. Disproportionate Permeability Reduction With Pore-Filling Gels[J]. SPE Journal, 2009, 14(1): 5-13.

[150] Vienot M E. A method of restricting fluid flow with the formation of solid gas hydrates: GB 2377718[P]. 2002.

[151] 金一中, 陈小平, 陈雪明, 等. 含油污泥处理技术进展[J]. 环境污染与防治, 1998, (04): 32-34.

[152] 尚朝辉, 陈清国. 含油污泥调剖技术研究与应用[J]. 江汉石油学院学报, 2002, 24(3): 66-67.

[153] 戴达山, 刘义刚. 耐温耐盐含油污泥调剖体系[J]. 油气田地面工程, 2010, 29(8): 13-15.

[154] 赵振兴, 刘国良. 用于制备膨体颗粒调剖剂的含油污泥除油技术研究[J]. 石油炼制与化工, 2006, 37(7): 67-70.

[155] 李鹏华, 李兆敏. 含油污泥制成高温调剖剂资源化技术[J]. 辽宁石油化工大学学报, 2009, 29(3): 19-22.

[156] 吕振山, 王利峰. 扶余油田微生物堵水调剖矿场试验[J]. 大庆石油地质与开发, 2002, 21(5): 48-50.

[157] 纪海玲. 微生物调剖技术的初步试验研究[J]. 特种油气藏, 2003, 10(5): 88-93.

[158] 汪卫东, 刘茂诚. 微生物堵调研究进展[J]. 油气地质与采收率, 2007, 14(1): 86-90.

[159] 王利峰, 邱胜杰. 微生物调剖室内模拟及矿场试验[J]. 油气地质与采收率, 2002, 9(4): 10-12.

[160] 段景杰, 赵亚杰. 高含水油田微生物调剖技术[J]. 油田化学, 2003, 20(2): 175-179.

[161] 蒋焱, 徐登霆, 陈健斌, 等. 微生物单井处理技术及其现场应用效果分析[J]. 石油勘探与开发, 2005, 32(2): 104-106.

[162] 王学立, 陈智宇, 李晓良, 等. 官 69 断块微生物驱油现场试验效果分析[J]. 石油勘探与开发, 2005, 32(2): 107-109.

[163] Bae J H, 乐建君. 利用微生物的孢子调整油藏注水剖面[J]. 国外油田工程, 1997, 13(6): 34-38.

[164] 李兆敏, 张东. 冻胶泡沫体系选择性控水技术研究与应用[J]. 特种油气藏, 2012, 19(4): 1-7.

[165] 李海涛, 高元, 陈安胜, 等. 泡沫体系在油田中的应用及发展趋势[J]. 精细石油化工进展, 2010, 11(002): 22-26.

[166] 徐春碧, 王明俭. 一种自生泡沫凝胶复合堵剂的室内研究[J]. 西南石油大学学报, 2009, 31(4): 138-140.

[167] 戴彩丽, 赵福麟. 提高薄层底水油藏注入水存水率室内研究[J]. 石油天然气学报, 2007, 29(1): 129-132.

[168] 王佩华. 泡沫堵水调剖技术综述[J]. 油田化学, 2000, 23(2): 60-61.

[169] Hirasaki G J, Miller C A. Recent advances in surfactant EOR: EP1312753A1[P]. 2003.

[170] Baran J R. Use of surface-modified nanoparticles for oil recovery: US 7033975B2[P]. 2006.

[171] Seright R S, Seright R S, Seldal M, et al. Sizing gelant treatments in hydraulically fractured production wells[J]. Society of Petroleum Engineers, SPE 35351, 1996.

[172] 周洪涛, 黄安华, 张贵才, 等. 85℃下高矿化度地层化学堵水剂研究[J]. 石油钻采工艺, 2009, 31(1): 85-89.

[173] Sandiford B B. Laboratory and field studies of water floods using polymer solutions to increase oil recoveries[J]. Journal of Petroleum Technology, 1964, 16(08): 917-922.

[174] Papok K K, Vipper A B. The seventh world petroleum congress[J]. Chemistry and Technology of Fuels and Oils, 1967, 3(7): 532-535.

[175] Barreau P, Lasseueux D. Polymer adsorption effect on relative permeability and capillary pressure: Investigation of a pore scale scenario[J]. Society of Petroleum Engineers, SPE 37303, 1997.

[176] 王北翔. 盐上油田含聚原油脱水技术研究[D]. 大庆: 大庆石油学院, 2010.

[177] 吕平. 毛管数对天然岩心渗流特征的影响[J]. 石油学报, 1987, 8(3): 49-54.

[178] 王德民, 程杰成. 粘弹性聚合物溶液能够提高岩心的微观驱油效率[J]. 石油学报, 2000, 21(5): 45-50.

[179] 夏惠芬, 王德民, 刘中春, 等. 粘弹性聚合物溶液提高微观驱油效率的机理研究[J]. 石油学报, 2001, 22(4): 60-65.

[180] 王德民, 程杰成, 夏惠芬, 等. 粘弹性流体平行于界面的力可以提高驱油效率[J]. 石油学报, 2002, 23(5): 48-52.

[181] Wang D, Wang G, Wu W, et al. The influence of viscoelasticity on displacement efficiency-From micro to macro scale[C]//SPE Annual Technical Conference and Exhibition, Anaheim, 2007.

[182] Wang D, Cheng J, Yang Q, et al. Viscous-elastic polymer can increase microscale displacement efficiency in cores[C]//SPE Annual Technical Conference and Exhibition, Dallas, 2000.

[183] 吴文祥, 王德民. 聚合物黏弹性提高驱油效率研究[J]. 中国石油大学学报, 2011, 35(5): 134-138.

[184] 李鹏华, 李兆敏. 粘弹性聚合物驱替剩余油机理分析[J]. 石油天然气学报, 2008, 30(5): 332-334.

[185] 杨钊. 聚合物驱微观剩余油分布及分子动力学模拟[D]. 大庆: 大庆石油学院, 2004.

[186] 王洪涛. 粘弹性聚合物溶液微观渗流的有限体积方法[D]. 大庆: 大庆石油学院, 2005.

[187] Durairaj R, Mallik S, Seman A, et al. Rheological characterisation of solder pastes and isotropic conductive adhesives used for flip-chip assembly[J]. Journal of Material Processing Technology, 2009, 209: 3923.

[188] Mewis J, Wagner N J. Current trends in suspension rheology[J]. Journal of Non-Newtonian Fluid Mechanics, 2009, 157: 147-150.

[189] Lapasin R, Sabrina P, Vittorio S, et al. Viscoelastic properties of solder pastes[J]. Journal of Electronic Materials, 1998, 27: 138-148.

[190] Treloar L R G. The physics of rubber elasticity[M]. 3rd ed. Oxford: Clarendon Press, 1975.

[191] Turrisi E, Ciancio G V, Kluitenberg A. On the propagation of linear transverse acoustic waves in isotropic media with mechanical relaxation phenomena due to viscosity and a tensorial internal variable: II. Some cases of special interest (Poynting-Thomson, Jeffreys, Maxwell, Kelvin-Voigt, Hooke and Newton media)[J]. Physica A: Statistical Mechanics and Its Applications, 1982, 116A(3): 594-603.

[192] Vanarsdale W E. Dissipation due to obliquity-induced in a Kelvin-Voigt viscoelastic body. Journal of Geophysical Research, 1981, 86(B11): 49-52.

[193] Cross M M. Rheology of non-newtonian fluids: A new flow equation for pseudoplastic systems[J]. Journal of Colloid Science, 1965, 20: 417-437.

[194] Masayoshi T. On the short journal bearing using power-law fluid or ostwald-dewaele fluid as lubricant[J]. Nihon Reoroji Gakkaishi, 2000, 28(1): 7-12.

[195] Sisko A W. The Flow of Lubricating Greases[J]. Industrial & Engineering Chemistry, 1958, 50: 1789-1792.

[196] 于同隐, 何曼君, 卜海山, 等. 高聚物的黏弹性[M]. 上海: 上海科学技术出版社, 1986.

[197] Ferry J D. Viscoelastic Properties of Polymers[M]. 2nd Ed. New York: John Wiley & Sons Inc, 1970.

[198] 熊良宵, 杨林德. 硬脆岩的非线性粘弹塑性流变模型[J]. 同济大学学报: 自然科学版, 2010, (02): 42-47.

[199] Carreau P J. Rheological equations from molecular network theories[J]. Transations of the Society of Rheology, 1972, 16: 99-127.

[200] Einstein A. Eine neue Bestimmung der Molekuldimension[J]. Annals of Physics, 1906, 19: 289-306.

[201] Einstein A. Berichtigung zu meiner Arbeit: Eine neue Bestimmung der Moleküldimension[J]. Annalen der Physik, 1911, (34): 591-592.

[202] Krieger I M. Rheology of monodisperse latices[J]. Advances Colloid Interface Sciences, 1972, 3: 111-136.

[203] Stickel J J, Powell R L. Fluid mechanics and rheology of dense suspensions[J]. Annual Review of Fluid Mechanics, 2005, 37: 129-149.

[204] Larson R. The structure and rheology of complex fluids[M]. New York: Oxford University Press, 1999.

[205] 田永霖. 粘粒矿物成分对碎屑成浆及浆体流变行为的影响[D]. 昆明: 昆明理工大学, 2019.

[206] Guo Y, Yu W, Xu Y. Liquid-to-solid transition of concentrated suspensions under complex transient shear histories[J]. Physical Review E, 2009, 80: 061404.

[207] Pascal, Hbraud, Didier, et al. Concentrated suspensions under flow: Shear-thickening and jamming[J]. Modern Physics Letters B, 2005, 19: 613-624.

[208] 曹宝格, 罗平亚, 李华斌, 等. 疏水缔合聚合物溶液粘弹性及流变性研究[J]. 石油学报, 2006, 27(001): 85-88.

[209] Freundlich H, Juliusburger F. Thixotropy, influenced by the orientation of anisometric particles in sols and suspensions[J]. Transations of the Faraday Society, 1935.

[210] McNaught A D. IUPAC Compendium of Chemical Terminology[M]. Oxford: Blackwell Publishing, 1997.

[211] Kanai H, Amari T. Negative thixotropy in ferric-oxide suspensions[J]. Rheolo Acta, 1995, 34: 303-310.

[212] Potanin A. Thixotropy and rheopexy of aggregated dispersions with wetting polymer[J]. Journal of Rheology, 2004, 48: 1279-1293.

[213] Green H, Weltmann R N. Equations of thixotropic breakdown for rotational viscometer[J]. Industrial & Engineering Chemistry Analytical Edition, 1946, 18: 167-172.

[214] Mujumdar A. Transient phenomena in thixotropic systems[J]. Journal of Non-Newton Fluid, 2002, 102: 157-178.

[215] 陈全, 俞炜, 周持兴. 液滴在大振幅振荡剪切流动中的非线性行为研究[J]. 力学学报, 2007, (04): 98-102.

[216] Yziquel P J. Rheological modeling of concentrated colloidal suspensions[J]. Journal of Non-Newton Fluid, 1999, 86, 133-155.

[217] Klein C O, Spiess H W. Separation of the nonlinear oscillatory response into a superposition of linear, strain hardening, strain softening, and wall slip response[J]. Macromolecules, 2007, 40: 4250-4259.

[218] Liddel P V. Yield stress measurements with the vane[J]. Journal of Non-Newton Fluid, 1996, 63: 235-261.

[219] Uhlherr P H, Guo J. The shear-induced solid-liquid transition in yield stress materials with chemically different structures[J]. Journal of Non-Newton Fluid, 2005, 125: 101-119.

[220] Coussot P, Tabuteau H. Aging and solid or liquid behavior in pastes[J]. Journal of Rheology, 2006, 50: 975-994.

[221] Dullaert K, Mewis J. A structural kinetics model for thixotropy[J]. Journal of Non-Newton Fluid, 2006, 139: 21-30.

[222] Dullaert K. A model system for thixotropy studies[J]. Rheologica Acta, 2005, 45: 23-32.

[223] Coussot P, Nguyen Q. Avalanche behavior in yield stress Fluids[J]. Physical Review Letters, 2002, 88: 175501.

[224] Herschel W H, Bulkley R. Measurement of consistency as applied to rubber-benzene solutions[C]//29th Annual Meeting of the American Society Testing Materials Atlantic City, Proe ASTM, 1926, 26(Ⅱ): 621-633.

[225] Yang F Q. Exact solution for compressive flow of viscoplastic fluids under perfect slip wall boundary conditions[J]. Rheologica Acta, 1998, 37: 68-72.

[226] Coussot P, Nguyen Q. Viscosity bifurcation in thixotropic, yielding fluids[J]. Journal of Rheology, 2002, 46: 573-589.

[227] Barnes H A. The yield stress: A review or 'παντα ρει'—everything flows[J]. Journal of Non-Newton Fluid, 1999, 81: 133-178.

[228] Roussel N, Stefani C, Leroy R. From mini-cone test to Abrams cone test: measurement of cement-based materials yield stress using slump tests[J]. Cement and Concrete Research, 2005, 35(5): 817-822.

[229] 李静, 陈光进, 刘庆廉, 等. 锂基润滑脂屈服应力测定方法的探讨[J]. 润滑与密封, 2007, (04): 172-174.

[230] Asaga K, Roy D M. Rheological properties of cement mixes: IV. Effects of superplasticizers on viscosity and yield stress[J]. Cement and Concrete Research, 1980, 10(2): 287-295.

[231] Barnes H A, Nguyen Q D. Squeeze flow of Bingham plastics[J]. Journal of Non-Newton Fluid, 2001, 98: 1-14.

[232] Barnes H A. Thixotropy-a review[J]. Journal of Non-Newton Fluid, 1997, 70: 1-33.

[233] Nguyen Q D, Boger D V. Measuring the flow properties of yield stress fluids[J]. Annual Review Fluid Mechanics, 1992, 24: 47-88.

[234] James A E, Williams D J. Direct Measurement of Static Yield Properties of Cohesive Suspensions[J]. Rheologica Acta, 1987, 26: 437-446.

[235] Nguyen Q D, Akroyd T, Kee D, et al. Yield stress measurements in suspensions: an inter-laboratory study[J]. Korea-Australia Rheology Journal, 2006, 18(1): 15-24.

[236] Møller P, Fall A. Phil. An attempt to categorize yield stress fluid behaviour[J]. Philosophical Transactions of the Royal Society A: Mathematical, Physical & Engineering Sciences, 2009, 367(1909): 5139-5155.

[237] Møller P, Fall A, Bonn D. Origin of apparent viscosity in yield stress fluids below yielding[J]. Europhysics Letters, 2009, 87(3): 38004.

[238] Cox W P, Merz E H. Correlation of dynamic and steady flow viscosities[J]. Journal of Polymer Science Part A: Polymer Chemistry, 2010, 28(118): 619-622.

彩　　图

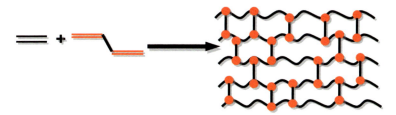

图 2-3　NMBA 交联过程示意图

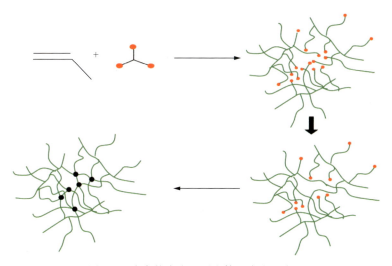

图 2-4　多官能自由基引发体系合成示意图

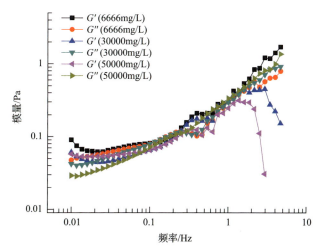

图 4-10　B-PPG 在不同矿化度盐水中的动态频率-模量曲线

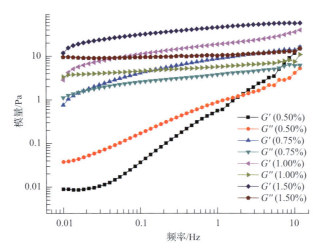

图 4-13　不同浓度 B-PPG 悬浮液的动态频率-模量曲线

图 5-7　HPAM 断链示意图

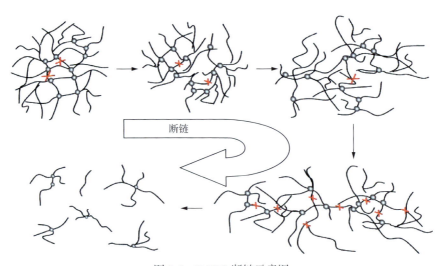

图 5-8　B-PPG 断链示意图

图 6-7　不同温度烘干 B-PPG 产品形貌

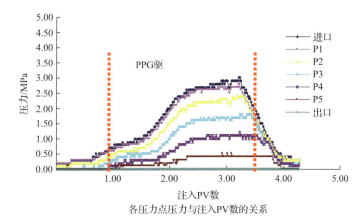

图 8-3 B-PPG 注入过程中 16m 岩心内部压力传递曲线

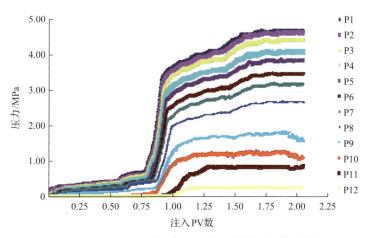

图 8-4 B-PPG 注入过程中 30m 岩心内部压力传递曲线

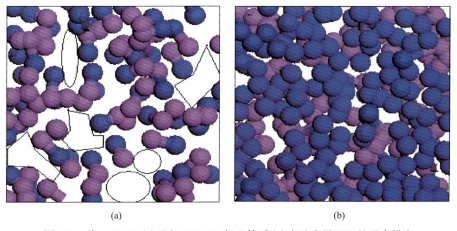

图 8-8 单一 SDBS（a）及与 TX-100 复配体系（b）在油水界面上的混合排布

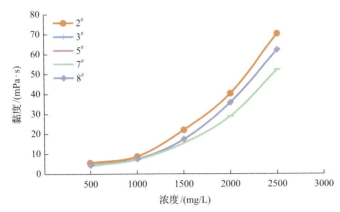

图 8-10 聚合物黏浓性评价

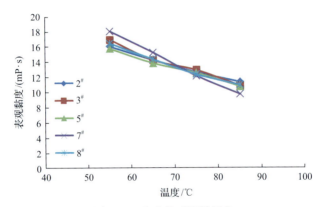

图 8-11 聚合物耐温性评价

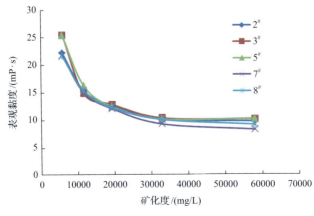

图 8-12 聚合物耐盐性评价

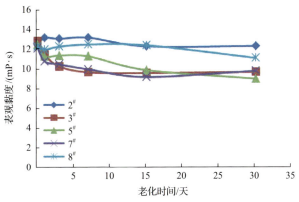

图 8-13 聚合物热稳定性评价结果

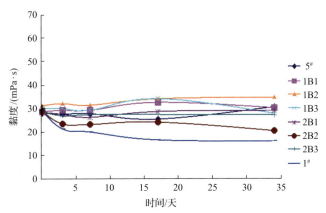

图 8-15 不同试验配方体系黏度随时间的变化曲线

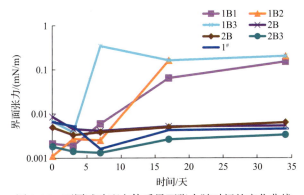

图 8-16 不同试验配方体系界面张力随时间的变化曲线

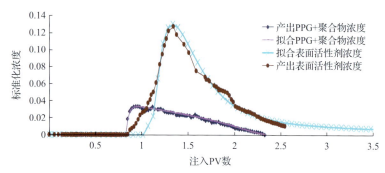

图 8-17　非均相复合驱组分色谱分离

(a) E141　　　　　　　　　　(b) E146

图 9-12　B-PPG 驱后填砂管入口端面

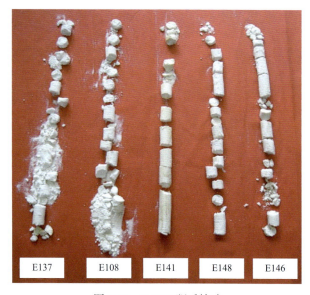

图 9-13　B-PPG 驱后填砂

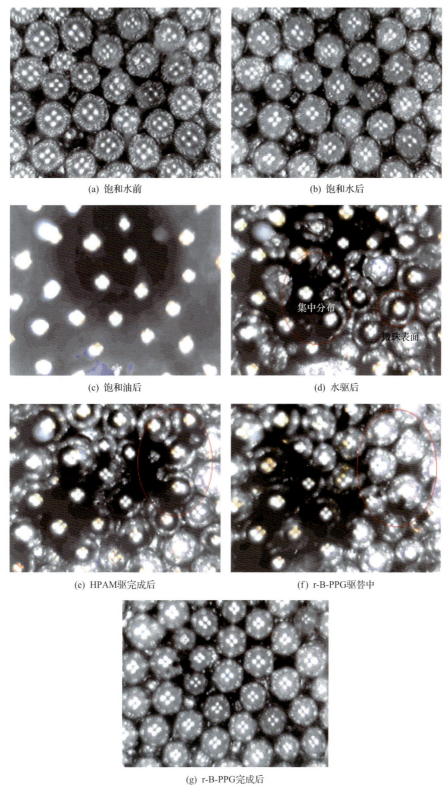

(a) 饱和水前

(b) 饱和水后

(c) 饱和油后

(d) 水驱后

集中分布

微珠表面

(e) HPAM驱完成后

(f) r-B-PPG驱替中

(g) r-B-PPG完成后

图 9-25　r-B-PPG 悬浮液微观驱替实验结果

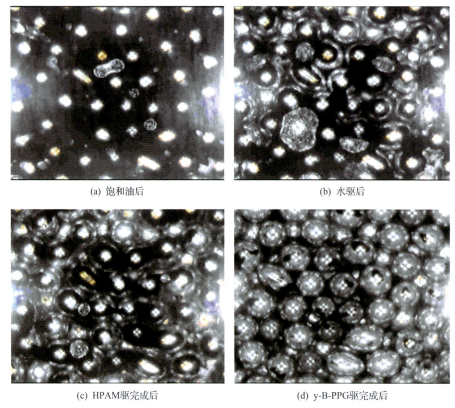

(a) 饱和油后

(b) 水驱后

(c) HPAM驱完成后

(d) y-B-PPG驱完成后

图 9-26 y-B-PPG 悬浮液微观驱替实验结果

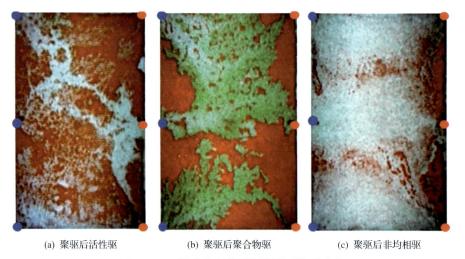

(a) 聚驱后活性驱

(b) 聚驱后聚合物驱

(c) 聚驱后非均相驱

图 9-32 可视化物理模拟驱替平面模型试验